世界奥秘解码

植物奥妙的科学答案
植物天地缩影

韩德复　编著

中国出版集团
现代出版社

前言
reface

　　大千世界，无奇不有，怪事迭起，奥妙无穷，神秘莫测，许许多多难解的奥秘简直不可思议，使我们对这个世界捉摸不透。走进奥秘世界，就如走进迷宫！

　　奥秘就是尚未被我们发现和认识的秘密。它总是如影随形地陪伴着我们，它总是深奥神秘地吸引着我们。只要你去发现它、认识它，你就会进入一个新的时空，使你生活在无限神奇的自由天地里。

　　在一切认知与选择的行动中，我们总是不断地接触到更大的境界，但是这境界却常常保持着神秘的特点。这奥秘之魅力就像太阳一般，在它的光照下我们才能看见一切事物，但我们的注意力却不在于阳光。

　　奥秘世界迷雾重重，我们认识这个熟悉而又陌生的世界，发现其背后隐藏着假象与真知，箴言和欺骗，探寻奥秘世界的真相，我们就会在思考与探索中走向未来。

　　其实，世界的丰富多彩与无限魅力就在于那许许多多的难解的奥秘，使我们不得不密切关注和发出疑问。我们总是不断地去认识它、探索它。今天的科学技术日新月异，已经达到了很高的程度，尽管如此，仍然有些无数的奥秘谜团还是难以圆满解答。

古今中外许许多多的科学先驱不断奋斗，一个个奥秘不断解开，并推进了科学技术的发展，随即又发现了许多新的奥秘现象，又不得不向新的问题发起挑战。这正如达尔文所说："我们认识世界的固有规律越多，这种奇妙对于我们就更加不可思议。"科学技术不断发展，人类探索永无止境，解决旧问题，探索新领域，这就是人类一步一步发展的足迹。

为了激励广大读者认识大千世界的奥秘，普及科学知识，我们根据中外的最新研究成果，特别编辑了本套作品，撷取自然、动物、植物、野人、怪兽、万物、考古、古墓、人类、恐龙等诸多未解之谜和科学探索成果，具有很强的系统性、科学性、前沿性和新奇性。

本套作品知识面广、内容精炼、图文并茂，形象生动，非常适合广大读者阅读和收藏，其目的是使广大读者在兴味盎然地领略世界奥秘现象的同时，能够加深思考，启迪智慧，开阔视野，增加知识，能够正确了解和认识世界的奥秘，激发求知的欲望和探索的精神，激起热爱科学和追求科学的热情。

目录
Contents

植物的本领

植物的个性

植物的奥秘

植物的本领

　　为了生存，植物都会运用自身的本领保护自己，例如，含羞草会闭合叶子保护自己，大王花会放出恶臭远离伤害，它们运用各自的本领既保护了自己的安全，又给大自然带来了多姿多彩的美景。

会害羞的含羞草

害羞的含羞草

含羞草是一种豆科草本植物。它白天张开那羽毛一样的叶子，等到晚上就会自动合上。有趣的是，你在白天轻轻碰它一下，它的叶子就像害羞了一样，悄悄合拢起来。

你碰得轻，它动得慢，一部分叶子合起来；你碰得重，它动得快，在很短的时间里，叶子全部合拢起来，而且叶柄也跟着下垂，就像一个羞羞答答的少女，所以人们管它叫"含羞草"。

含羞草为什么会动

大多数植物学家认为，这全靠它叶子的"膨压作用"。在含羞草叶柄的基部，有一个"水鼓鼓"的薄壁细胞组织，名叫叶枕，里面充满了水分。

当你用手触动含羞草，它的叶子一振动，叶枕下部细胞里的水分，就立即向上或向两侧流去。这样一来，叶枕下部就像泄了气的皮球一样瘪了下去，上部就像打足了气的皮球一样鼓了起来，叶柄也就下垂、合拢了。

在含羞草的叶子受到刺激合拢的同时，会产生一种生物电，把刺激信息很快扩散给其他叶子，其他叶子也就跟着合拢起来。当这次刺激消失以后，叶枕下部又逐渐充满水分，叶子就会重新张开，恢复了原来的样子。

但也有的科学家认为，含羞草之所以会运动，是与光敏素的作用分不开的。

含羞草的自我保护

含羞草的老家在巴西，那里经常有暴风雨。为了适应这种不良环境，它在自然环境中养成了保护自己的本领。每当在风雨到来之前，就把叶子合拢起来，叶柄低垂，这样一来，就不怕暴风雨的摧残了。有趣的是含羞草还是相当灵敏的"晴雨计"。人

们利用它的这种怪脾气和本能，预测未来的晴雨。

"含羞草害羞，天将阴雨。"这句谚语告诉我们，如果含羞草的叶片自然下垂、合拢，或半开半闭、舒展无力，出现害羞现象，将有阴雨天气。

在正常天气里，含羞草一般不会自己害羞，即使有人碰它的叶片，叶片也不会很快地合拢并恢复原状。这是晴天的征兆。含羞草是一种奇妙的植物，它的身上还有不少奥秘没有被揭开。

"吃人魔王"日轮花

在南美洲亚马孙河流域那茂密的原始森林和广袤的沼泽地带里，生长着一种令人畏惧的吃人植物叫日轮花。

日轮花长得十分娇艳，其形状酷似齿轮，故而得名。日轮花有吃人魔王之称。

日轮花的叶子一般有一米左右长，花就散在一片片的叶子上面。日轮花能发出诱人的兰花般芳香，很远就可闻到。表面看来它与一般植物一样，但是如果有人去碰一碰它的花、叶或茎，就会出现很危险的场面。

日轮花的叶子非常地灵敏，而且力量很大，一旦遇到外力侵害，就会立刻像鹰爪一样的伸卷过来把人死死地抓住，拖倒在潮湿的草地上，直至使人动弹不得。这时，会从花朵周围隐蔽的地方爬出一群大蜘蛛，这种蜘蛛会疯狂地对人们进行吸吮和咀嚼。

日轮花为什么要为蜘蛛效劳，为它猎取食物呢？这个大自然的秘密已被人们所揭开。原来，那些大蜘蛛的粪便，是日轮花生长的特殊养料。因此凡有日轮花的地方，也就必定有吃人的蜘蛛，它们相互利用，彼此依存，相依为命。

"吃人"情景

日轮花长得十分娇艳，花型类似日轮，有兰花般的诱人香味。它虽然美丽飘香，却能帮助"黑寡妇"蜘蛛把人咬死。

如果有人被那细小艳丽的花朵或花香所迷惑，上前采摘时，只要轻轻接触一下，不管是碰到了花还是叶，那些细长的叶子就

立即会像鸟爪子一样伸展过来，将人拖倒在潮湿的地上。同时，躲藏在日轮花旁边的大型蜘蛛即"黑寡妇"蜘蛛，便迅速赶来咬食人体。

"黑寡妇"蜘蛛的上颚内有毒腺，能分泌出一种神经性毒蛋白液体，当毒液进入人体，就会致人死亡。尸体就成了"黑寡妇"蜘蛛的食粮。"黑寡妇"蜘蛛吃了人的身体之后，所排出的粪便是日轮花的一种特别养料。因此，日轮花就尽力地为黑蜘蛛捕猎食物，它们狼狈为奸，凡是有日轮花的地方，必有吃人的"黑寡妇"蜘蛛。当地的南美洲人，对日轮花十分恐惧，每当看到它就要远远避开。

关于吃人植物是否存在的谜团，现在还不能下肯定的结论。

有些学者们认为，在目前已发现的食肉植物中，捕食的对象仅仅是小小的昆虫而已，它们分泌出的消化液，对小虫子来说恐怕是汪洋大海，但对于人或较大的动物来说，简直微不足道，因此，很难使人相信地球上存在吃肉植物的说法。

但也有一些学者认为，虽然眼下还没有足够证据说明吃人植物的存在，可是不应该武断地加以彻底否定，因为除了当地的土著居民外，科学家的足迹还没有踏遍全世界的每一个角落，也许，正是在那些沉寂的原始森林中，将有某些意想不到的发现。

在线小知识

龙爪花叶片的汁液有很多用处，直接食用可以去火，解热。涂抹在创伤部位可以消炎止痛。用它擦拭面部，还可美容呢。

"臭名昭著"的植物花

怪异的食腐花

飞来飞去的蝴蝶与漂亮的小蜜蜂并不是仅有的花朵赖以传播花粉的昆虫，我们还应该想到苍蝇。苍蝇很让人讨厌，它们喜欢气味难闻的东西，对色彩毫无兴趣。大自然专门为它们创造了一些花朵，因为在春天里，苍蝇要比蜜蜂还早就到处"嗡嗡"飞舞了。这些吸引苍蝇的真可谓是"臭名昭著"了。

有一天，一位植物学家发现一棵在长茎末端长着厚叶子和一串串绿芽的藤，非常漂亮，他就把它带回家里，放在花瓶中。第二天早晨，他走下楼，闻到一股恶臭的气味，似乎在什么地方有一只死老鼠，大概就在长满青藤的花瓶后面。仿佛就在花瓶里面！他仔细观察，却看不到什么东西，可他的鼻子确实闻到了浓烈的臭味！他看到美丽的绿色花朵已经在夜里开放了。植物学家发现，原来这朵绿色花朵就是那只"死老鼠"！为了能合理地掩饰一件令人难堪的东西，臭菘要生长在沼泽中，而且还要戴上一个绿色的面罩。

花朵的气味

我们一谈到花朵，就立即会想到绚丽多彩、芬芳迷人的景象。其实，科学家对4189种花朵进行了统计，发现其中大部分并不是香的！真正香气袭人的花朵只占18.7%，还有13%的花朵竟然是臭气熏人。

为什么有些花朵会是香的呢？因为它们的花瓣里含有一种油细胞，其内含有芳香醇、脂肪醇或酯类有机化合物，能分泌出散发香气的芳香油。有的花朵虽然没有细胞，但是在一定的时候却能产生散发香味的物质，所以也会香飘四溢招引一些蜜蜂和昆虫。有些花朵竟然能散发出这样的臭气，真是不可思议啊！现在已经认识到了，花朵的气味一直是分为两大类的，一种是芬芳、清新、让人感到欣慰的，比如茉莉、桂花、玫瑰等，蜜蜂和各种昆虫根据它们的气味能够从很远很远的地方找到它们，向它们飞来或爬来。还有一种特别难闻的散发着腐臭气味的花朵，各种蝇类的昆虫非常喜欢它们。

臭气熏天的大花王

在印度尼西亚的苏门答腊岛生长着一种非常大的花朵，一朵花的直径竟有1.4米，最重的有50千克。每朵花有5个花瓣，每个花瓣长0.3米至0.4米，厚0.2米。花朵中央是一个直径0.33

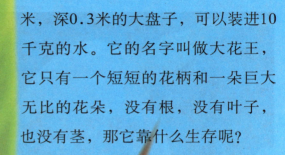

米，深0.3米的大盘子，可以装进10千克的水。它的名字叫做大花王，它只有一个短短的花柄和一朵巨大无比的花朵，没有根，没有叶子，也没有茎，那它靠什么生存呢？

原来它是一种寄生植物，它的叶柄寄生在藤本植物的根茎上，从中窃取人家的营养。有人说它简直就像个大懒虫。

大花王刚开花的时候还有一点点香气，过了一两天，它就变坏了，散发出腐肉一样的恶臭，我们要是不小心，闻上一口甚至能被呛得摔个大跟头。可是那些苍蝇和甲虫就高兴了，它们从远处飞来，跑来，大吃大喝起来。

大王花的花期有4天，花色非常美丽，花粉却发出让人恶心的腐烂臭味。花期过后，大王花逐渐凋谢，颜色慢慢变黑，最后会变成一摊黏糊糊的黑东西。不过受过粉的雌花，会在以后的7个月渐渐形成一个腐烂

的果实。灿烂的花结出了腐烂的果实，这也算是植物界的一个奇观。

世上最臭的花

在印度尼西亚苏门答腊的热带雨林地区，有一种名叫尸臭魔芋的花儿，又称"尸花""泰坦魔芋"。花朵的直径长1.5米，高则将近3米。由于其有腐烂尸体的气味，故被称作"世界上最臭的花"。

尸臭魔芋寿命长达数十年，可是开花的时间却很短，顶多数日，然后长出果实后，很快就枯萎，所以很难看到它的踪迹。它会发出一种令人作呕如尸肉腐败的味道，因此，又称之为尸花。

尸臭魔芋花冠其实是肉穗花序的总苞特有的"佛焰苞"，花蕊其实是肉穗花序。它有着类似马铃薯一样的根茎。等到花冠展开后，呈红紫色的花朵将持续开放几天的时间，散发出的尸臭味也会增加。当花朵凋落后，这株植物就又一次进入了休眠期。

而它散发出的像臭袜子或是腐烂尸体的味道，是想吸引苍蝇和以吃腐肉为生的甲虫前来授粉。它非常艳丽，比你能想象到的任何东西都要美，然而这种美得出奇的花朵却又散发出令人恶心的臭味。

植物的本领

各种奇花

天南星科的马蹄莲，是著名的宿根花卉，黄色肉穗花序外包漏斗形佛焰苞，乳白色或淡黄色，纯洁高雅。佛焰苞不是花冠，而是天南星科植物特有的一种总苞。

花坛里那万绿丛中鲜红如血的一串红，其花冠唇形，花萼钟形，都是红色，从远处看浑然一体，花冠脱落后，花萼却久不凋落，延长了观赏时间。

美人蕉的花朵在夏日里十分诱人，然而这红色的花瓣竟是5枚退化的雄蕊。它们的排列很有次序，有3枚直立在后方，起招引昆虫的作用，有一枚弯曲向前方，称为唇瓣，供昆虫采蜜时停歇，第五枚上有黄色斑点，位于花中央。

美人蕉的萼片与花瓣各3片，花瓣已失去了鲜艳的色彩，仅

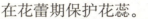

在花蕾期保护花蕊。

豆科植物含羞草的花冠也没有鲜艳的色彩，仅起保护花蕊的作用，而它的雄蕊却色彩艳丽，十分显眼。

自然界中还有许多植物具有这种似花而不是花，不是花又胜似花的变态器官，植物的这种特性是在长期进化过程中自然选择的结果。

最初具有这样变异的植株，获得了较多的传粉机会，它的后代就多。在后代的分化中，凡是强化了这种变异的植株，就更具有生存竞争的能力，于是得到了进一步的繁荣。

在苏门答腊岛还有臭味的植物，它的颜色就像腐烂的臭肉，气味就更别提多臭了，它的名字叫做土蜘草。苍蝇喜欢到那里产卵，土蜘草也趁此机会传播自己的花粉，真是臭味相投的一对。

在线小知识

吃人的植物

一家人的奇遇

1971年9月，法国人吕蒙梯尔、盖拉两人带着他们的家人来到莫昆斯克度假，他们几乎是年年都来内耳科克斯塔度假的，只是到莫昆斯克丛林还是第一次。

两家人到了莫昆斯克后，大人便开始忙着安排宿营和晚餐。吕蒙梯尔去丛林拾干枯树枝，准备烧火做饭。他的儿子欧文斯也闹着要一起去，盖拉的儿子亚博见小伙伴要走，也嚷着要去，于是，吕蒙梯尔带着两个小家伙走了。

来到丛林深处，吕蒙梯尔自己拣树枝，两个孩子却自顾自地

游戏去了。没多一会儿，吕蒙梯尔就听见两声叫喊，他听出是两个小家伙发出来的，心里一惊，丢了柴火，便向声音发出的地方奔去，因为他知道非洲丛林中有许多食人野兽出没。

就在他跑出10多米远时，突然觉得自己的身体变轻了，跑起路来一点也不费力，接着他的身体居然飞了起来，而且直向前面一棵大树撞去。

吕蒙梯尔双手挥舞着，大声叫道："不！不！放下我，放下我。"

"乓——"，吕蒙梯尔弹在了树上，无法动弹。

不知什么时候，欧文斯和亚博两人已经跑到他身后。对吕蒙梯尔说："快脱掉衣服，否则你无法离开这棵大树。"他转过头来，发现自己的头和手可以动，但穿了衣服裤子的部位就不能动，再一看，儿子和亚博的衣裤正贴在树上。欧文斯赶紧上来用刀划烂父亲的衣裤，吕蒙梯尔想从树上拔下衣裤来遮挡身体。他刚一接触衣服，又被树木吸住，他吓了一跳，再也不敢扯那衣服就带着两个孩子回去了。

快到宿营地的时候，吕蒙梯尔对儿子说："你们先回去，你叫母亲给我带条裤子来，我总不能赤身裸体地回去呀！"

两个孩子听话地回去了，不一会儿，亚博的母亲盖拉太太来了，看见吕蒙梯尔的样子又羞又惊，忙问他是怎么回事，还要让他们带她到大树那里去看一看。

吕蒙梯尔连忙拒绝，说："假如被那大树吸住的话，是很可怕的，还是不要去了"。

离奇灾难的降生

盖拉回来后，盖拉太太硬拉着丈夫，随儿子亚博去看稀奇了。约半小时后，只见亚博惊慌失措地跑来，告诉吕蒙梯尔："我爸爸请你快快去，我母亲被吸进了一个大树洞里，请你快去帮助救我妈出来。"10多分钟以后，盖拉赤裸裸地哭着回来了，他对吕蒙梯尔伤心地说："我妻子死了。"

盖拉说他们走到那里时，盖拉太太首先飞了起来，向一棵大树飞去，盖拉想上前拉住妻子，却被吸到相反的方向，撞在另一棵树上。这棵树才是吕蒙梯尔遇见的那一棵，而他的太太飞向了另一棵树。 儿子亚博早有准备，他是光着身子来的，他看见母亲飞进树洞，跑去一看，里面黑乎乎的，不敢钻进树洞去救母亲，就将另一棵树上的父亲救下来。

盖拉忙叫儿子去告诉吕蒙梯尔一家，自己走进了树洞，里面又黑又湿，他鼓起勇气叫着妻子的名字，却没有回应。待他走到洞深处，发现太太已经曲成一团死去了。

吕蒙梯尔责怪盖拉为什么不脱掉他妻子的衣服，盖拉说他当时太紧张，没有想到这件事。待他俩再次来到树洞准备将盖拉太太的尸体搬出来时，那里没有一个人影儿。

年轻人们的体验

这件事传开以后，有几个年轻人争着要去体验一下，他们三男四女来到莫昆斯克，罗德兹等3个男青年发现，无论如何他们也只能被吸到右边的那棵树上。其中一名叫斯兰达的青年做过一次试验，他穿上衣服，靠近左边的树洞的樟树时，不但没有被吸入洞中，而且可以顺利地走进走出。

这个试验表明，有树洞的樟树，对衣服没有吸引力，而右边的那棵树，不管什么布料都会被吸上去。而且布料在树上停留两

个小时后，就会消失无踪，向被吸收了似的。因此，他们怀疑以前盖拉在撒谎。因为盖拉说，他走进洞里看见他太太死去，但没有力气将她拖出来，理由是盖拉太太穿着衣服。然而现在的实验表明，这里根本就没有人。

为了证实自己的推理的正确性，他们又做了一个实验，斯兰达穿戴整齐，贴在右边那棵会吸住人的那棵树上，两个小时后，

大家吃惊地看到斯兰达身上的布料像被风化了一样荡然无存，而他则完好无损的落下地来。

回到营地，他们向4名女青年添油加醋地描述他们的实验经过，她们都想亲自去看看这两棵天下奇树。几名男青年见劝不住她们，又想并没有什么危险就由她们去了，只是罗德兹远远地跟在她们后面。当几个姑娘离樟树只有七八米远的时候，罗德兹陡然看见4名姑娘一起飞了起来，她们惊叫着冲进了会吸引人的树旁边那棵有洞的樟树洞口。

他大叫着"快脱衣服"，并迅速脱下自己的衣服赶去救人。那大树洞口一下子不能同时吸进4个人，其中一个姑娘手扣住洞口，拼命地呼喊着罗德兹快来救命。罗德兹来到树前，看见姑娘

的双腿和大半个身体已经被吸进洞去，只剩头和双手还在树外，但不到2秒钟，她们就再也无力抵挡被吞进了树洞。

等罗德兹回去叫来同伴返回洞中时，洞中却空无一人，她们不知到哪里去了，洞中只留下4副耳环和5枚戒指。

真的有吃人树吗

有关吃人植物的最早消息来源于19世纪后半叶的一些探险家们，其中有一位名叫卡尔的德国人在探险归来后说："我在非洲的马达加斯加岛上，亲眼见到一种能够吃人的树木，当地居民把它奉为神树，曾经有一位土著妇女因为违反了部族的戒律，被驱赶着爬上神树，结果树上8片带有硬刺的叶子把她紧紧包裹起来，几天后，树叶重新打开时只剩下一堆白骨。"于是，世界上存在吃人植物的骇人传闻便四下传开了。从此以后，又有人报道在亚洲和南美洲的原始森林中同样发现了类似的吃人植物。

吃人树考察

这些报道使植物学家们感到困惑不已。为此，在1971年有一批南美洲科学家组织了一支探险队，专程赴马达加斯加岛考察。他们在传闻有吃人树的地区进行了广泛搜索，结果并没有发现这种可怕的植物，倒是在那儿见到了许多能吃昆虫的猪笼草和一些蜇毛能刺痛人的荨麻类植物。这次考察的结果使学者们更怀疑吃人植物存在的真实性。

1979年，英国一位毕生研究食肉植物的权威科学家艾得里安·斯莱克，在他刚刚出版的专著《食肉植物》中说，到目前为止，学术界尚未发现有关吃人植物的正式记载和报道，就连著名的植物学巨著、德国人恩格勒主编的《植物自然分科志》以及世界性的《有花植物与蕨类植物辞典》中，也没有任何关于吃人树的描写。除此以外，英国著名生物学家华莱士在艾得里安走遍南洋群岛后撰写的名著《马来群岛游记》中，记述了许多罕见的南洋热带植物，也未曾提到过有吃人植物。所以，绝大多数植物学家认为，世界上并不存在这样一类能够吃人的植物。

学者的看法

艾得里安·斯莱克和其他一些学者认为，最大的可能是根据食肉植物捕捉昆虫的特性，经过想象和夸张而产生的。当然，也可能是根据某些未经核实的传说而误传的。

根据现在的资料已经知道，地球上确确实实地存在着一类行为独特的食肉植物，也称为食虫植物。它们分布在世界各国，共有500多种，其中最著名的有瓶子草、猪笼草和捕捉水下昆虫的狸藻等。这些植物的叶子能分泌出各种酶来消化虫体，它们通常捕食蚊蝇类的小虫子，但有时也能吃掉像蜻蜓一样的大昆虫。但是，艾得里安·斯莱克强调说，在迄今所知道的食肉植物中，还没有发现哪一种是像文章中所描述的那样："这种奇怪的树，生有许多长长的枝条，行人如果不注意碰到它的枝条，枝条就会紧紧地缠来使人难以脱身，最后枝条上分泌出一种极黏的消化液，牢牢把人粘住勒死，直至将人体中的营养吸收完为止，枝条才重新展开。"

在线小知识

我们知道，向日葵花终日向着太阳扭转自己的身体。所以，给它取了个好听名字。其实，大自然中有很多这样追求太阳（光线）的植物哦。只要你仔细观察自己家中的花卉就可以证实了。

会流血的树

会流血的鸡血藤

人有血液，动物有血液，难道植物也有血液吗？有的。在世界上许多地方，都发现了洒"鲜血"和流"血"的树。

我国南方山林的灌木丛中，生长着一种常绿的藤状植物——鸡血藤，总是攀援缠绕在其他树木上。每到夏季，便开出玫瑰色的美丽花朵。当人们用刀子把藤条割断时，就会发现，流出的液汁先是红棕色，然后慢慢变成鲜红色，跟鸡血一样，所以叫鸡血藤。

科学家经过化学分析，发现这种血液里含有鞣质、还原性糖和树脂等物质，可以作药用，有散气、去痛、活血等功用。此外，它的茎皮纤维可以制造人造棉、纸张、绳索等，茎叶还可以作为灭虫的农药。

龙血树

在我国西双版纳的热带雨林中生长着一种很不普通的树，叫龙血树，当它受伤之后，也会流出一种紫红色的树脂，把受伤部分染红，这块被染的坏死木，在中药里也称为"血竭"或"麒麟竭"，与麒麟血藤所产的血竭具有同样的功效。龙血树是属于百合科的乔木。虽不太高，约10多米，但树干却异常粗壮，常常可达一米左右。它那带白色的长带状叶片，先端尖锐，像一把锋利的长剑地倒插在树枝的顶端。一般说来，单子叶植物长到一定程

度之后就不能继续加粗生长了。龙血树虽属于单子叶植物，但它茎中的薄壁细胞却能不断分裂，使茎逐年加粗并木质化，而形成乔木。

龙血树原产于大西洋的加那利群岛。全世界共有150种，我国只有5种，生长在云南、海南岛、台湾等地。龙血树还是长寿的树木，最长的可达6000多岁。

胭脂树

在我国云南和广东等地还有一种称作"胭脂树"的树木。如果把它的树枝折断或切开，也会流出像血一样的液汁。胭脂树的种子有鲜红色的肉质外皮，可作为红色染料使用。

胭脂树属红木科红木属。为常绿小乔木，一般高达3米至4米，有的可到10米以上。其叶的大小、形状与向日葵叶相似。叶柄也很长，在叶背面有红棕色的小斑点。有趣的是其花色有多种，有红色的，有白色的，也有蔷薇色的，十分美丽。红木连果实也是红色的，其外面长着柔软的刺，里面藏着许多暗红色的种子。

胭脂树围绕种子的红色果瓤可作为红色染料，用以渍染糖

果，也可用于纺织，为丝绵等纺织品染色。其种子还可入药，为退热剂。树皮坚韧，富含纤维，可制成结实的绳索。奇怪的是如将其木材互相摩擦，还非常容易着火呢！

南也门的索科特拉岛，是世界上最奇异的地方，尤其是岛上的植物，更是吸引了世界各地的植物学家。

据统计，岛上约有200多种植物是世界上任何地方都没有的，其中之一就是龙血树。它可以分泌出一种像血液一样的红色树脂，这种树脂被广泛用于医学和美容。这种树主要生长在这个岛的山区。

关于这种树，在当地还流传着一种传说，说是在很久以前，一条大龙同这里的大象发生了战斗，结果龙受了伤，流出了鲜血，血洒在这种树上，树就有了红色的血液。

血桐

血桐的叶柄，却是在叶的中间偏上，很像古时候作战用的盾牌，非常容易辨认。由于血桐并没有高经济价值，农人总会顺手把挡路的枝条折断，断裂处缓缓流出白色乳汁，起先并不显眼，枝条被砍断之后，树干中心的髓

部，会流出透明汁液，经空气氧化，干后颜色呈现血红色，仿佛流血似的，所以被称为血桐，也称流血树。

有趣的植物血型

关于植物的血型，竟是日本的一位法医发现的。他的名字叫山本，是日本科学警察研究所法医，第二研究室主任。他是在1984年5月12日宣布这一发现的。

他是在一次偶然机会中发现围绕植物的血型的。一次，一位日本妇女在夜里于自己的居室死去，警察赶到现场，一时还无法确定是自杀还是他杀，便进行血迹化验。经化验死者的血型为O型，可枕头上的血迹为AB型，于是便怀疑是他杀。可后来一直未找到凶手作案的其他佐证。这时候有人提出，枕头里的荞麦皮会不会是AB型呢？这句话提醒了山本，于是他便取来荞麦皮进行化验，果然发现荞麦皮是AB型。

这件事引起了轰动，促进了山本对植物血型的研究。他先后对500多种植物的果实和种子进行观察，并研究了它们的血型，发现苹果、草莓、南瓜、山茶、辛夷等60种植物是O型，珊瑚树等24种植物是B型，葡萄、李子、荞麦、单叶枫等是AB型，但没找到A型的植物。根据对动物界血型的分析，山本认为当糖链合成达到一定的长度时，它的尖端就会形成血型物质，然后合成就停止了。也就是说血型物质起了一种信号的作用。正是在这时候才检验出了植物的血型。山本发现植物的血型物质除了担任植物能量的贮藏物外，由于本身黏性大，似乎还担负着保护植物体的任务。

人类血型是指血液中红细胞膜表面分子结构的型别。植物有体液循环，植物体液也担负着运送养料，排出废物的任务，体液细胞膜表面也有不同分子结构的型别，这就是植物也有血型的秘密所在。但是，植物体内的血型物质是怎样形成的，至今还没有弄清其原因。植物血型对植物生理、生殖及遗传方面的影响，也还都没有弄明白。

植物血型的广泛用途

植物血型之谜，目前还没有全部揭开，但是已开始在侦破案件中应用。

据报道，在日本中部地区的某县发生了一次车祸，一名儿童被撞伤，肇事司机跑了。后来警察在一个乡村发现了这辆汽车，经过验证轮子上的血型，除有被撞儿童的血型外，还有B型血和AB型血。

当时警察认为，这辆汽车除了撞伤这位儿童外，还撞伤或撞死过其他人，但司机只承认撞伤了那名儿童，不承认还撞过其他人。后来经过科学研究所的验证，原来其余两种血型是植物的血型，这样才使案件得到正确处理。此外，植物血型还能帮助破案。比如，根据遇害者胃里的食物化验结果，可以知道死者在遇害前吃过什么东西，从而可发现破案线索。

　　植物体内为什么会存在血型物质，血型物质对植物本身有什么意义，尚待科学家们去进一步研究和探索。

　　在福建沿海的悬崖山上，有一种会流血的芋子，人们叫它"红孩儿"。当用小刀切开时，就流出像血的汁出来。红孩儿喜欢生长在阴暗、潮湿的悬崖山沟里，表皮粗糙。据说是一味很好的中药。

在线小知识

27

能泌乳泌盐的植物

摩洛哥的奶树

一些到摩洛哥西部游览的观光客，常为自己能够看到一种奇树而感到满足。

奇树的名字叫"彭笛卡撒尼特"，当地话的意思是奶树。奶树高仅3米多，全身红褐色，叶片呈厚皮革样，开的花十分洁白，开罢花便在枝头结一个奶苞。奶苞呈椭圆形，前端开口，成熟后便充满奶汁，稍一碰触，便从开口处流出黄褐色的奶液来。

专为后代分泌奶汁

令人啧啧称奇的是奶树并不是用种子繁殖的。当成年的奶树长到一定时候，树根上便会长出棒状的小奶树来。小奶树慢慢长

大，已经到了要独立生活的时候。这时，老奶树便拼命分泌奶汁，使奶苞慢慢胀大，将乳汁滴在地上，养肥了土壤。与此同时，长出小奶树的部位，其上方的老奶树的叶子忽然全部枯萎，露出头顶一方天空来。小奶树幼嫩的黄叶见光以后，马上变成绿色，独立地进行光合作用。

能泌盐的大米草

从我国辽宁省西部葫芦岛一直至广东省电白的沿海滩，不少地方都长着茂密的大米草，好像一条绿色的绸带。

大米草属禾本科多年植物，丛生，是一种喜水耐盐的植物。它的秆直立，根状茎粗，能迅速蔓延，叶片线状，再生能力强。大米草原产于英国沿海地区，我国引种后生长良好，经过天然杂交，比欧洲海岸的大米草和美洲互生大米草的植株高大。海滩地带土壤中，含有大量的盐分，其他的植物都不能生长，只有大米草还可以生长。为了避免盐分过多的伤害，大米草的体内不累积盐分，而是通过叶子背面的盐腺分泌盐，把体内多余的盐分排出体外。含氯化钠的液体分泌到叶子的表面，待水分蒸发掉后，分泌液中含的氯化钠慢慢地变成盐类的结晶，遗留在叶的表面。

这些遗留在叶子表面的盐分，经风一吹，雨一洗，就纷纷掉下来了；或者到了秋天叶子黄时，随着脱落的叶子而脱离植株体。人们把这种能分泌盐的植物，称为泌盐植物。

具有分泌盐这种特殊功能的植物，不仅仅只有大米草一种，像生长在我国甘肃、新疆等地的瓣鳞花，生长在海滨的马

牙头，红树林中的白骨壤，以及怪柳、胡杨等，都属于泌盐类的植物。

能泌精制食盐的树

在黑龙江省与吉林省交界处，有一种六七米高的树，每到夏季，树干就像热得出了汗。汗水蒸发后，留下的就是一层白似雪花的盐。人们发现了这个秘密后，就用小刀把盐轻轻地刮下来，回家炒菜用。

据说，它的质量可以跟精制食盐一比高低。于是，人们给了它一个恰如其分的称号，叫木盐树。

能喷火的树

1988年4月16日中午，上海武康路上一棵大槐树突然从粗大的树干上冒出耀眼的火星，从树洞里窜出熊熊的火焰。

当这棵枝叶翠绿的大槐树燃烧的时候，有人急忙向消防部门

报了警。几分钟之后，消防车就赶到了现场，消防队员们用灭火器扑灭了乱窜的火苗。

人们以为这下就没事儿了，谁知道过了一会儿，腾腾的火苗又从树洞里窜了出来，消防队员又用高压水枪猛射了一阵，才算熄灭了火舌。

这棵树为什么会喷火呢？人们议论纷纷。据消防队的警官推测，可能是地下煤气管道泄露，蓄积在树洞里，散发不出来，有人扔了烟头，点燃了煤气。

但经过煤气公司工作人员的现场探漏检查，并没有发现管道有漏气的现象，这个推测被否定了。好端端的槐树为什么会喷火自燃呢？这真是个难解之谜。

会灭火的树

在非洲的安哥拉，生长着一种奇异的灭火树。当地人管它叫梓柯树，这种树四季常绿，有20多米高。当旅行者坐在梓柯树下点火抽烟，或者燃起一堆篝火的时候，就会看到一种难忘的奇观：从梓柯树绿色的枝叶里，喷洒出大量的液汁，把火灭掉。

原来，这种树的枝叶浓密，树枝杈之间长着一个个馒头大的

节苞。这些节苞上密布网眼般的小孔，苞里满是透明的液汁，如果节苞遇到火光照耀，液汁就会从网眼小孔里喷洒出去。由于它的液汁中含有灭火物质四氯化碳，火焰碰上它，就很快熄灭了。所以，旅行者就叫它"灭火树"。

降雨树

人们都知道，降雨是一种自然现象，没有降雨云是不会下雨的。即使人工降雨，也需要降雨云，也是对大自然的模仿。

可是在1985年夏天，很多人却发现了一种奇特的降雨现象：浙江省云和县云丰村小学门口的一棵百年黄檀树，竟然会在烈日之下自动降起雨来。这一年夏天，云和地区天气干旱，很少下雨。可从7月初开始，这棵树就开始自动降雨了，每到中午时，树上就会落下绿豆大小的雨点，只要3分钟至5分钟就能把人的全身淋湿了。

更奇怪的是天气越晴朗，阳光越强烈，雨就下得越大。如果天气变阴、变凉，它就马上不下雨了。这些雨是从什么地方来的呢？根据观察，它来自这棵树的树枝和绿叶。但人们又产生了新的疑问：为什么它以前不下雨？为什么别的黄檀树不下雨呢？

蝴蝶树

也在云南省宾川县米汤乡小鸡山前的一棵大松树，每

年的端午节前夕，就有成千上万只蝴蝶从四面八方飞来，聚集在这棵树上。不到两天，成团成串的彩色蝴蝶就挂满枝头，随风微微颤动，把树枝坠弯成半月形。

这时候，在满山青松绿叶的衬托下，这棵"蝴蝶树"就像盛开在万绿丛中的一朵鲜艳的花，特别好看。如果有人摇一下树干，树上的蝴蝶就会铺天盖地飞舞起来，如同漫天花雨，五彩缤纷，绚丽无比。但飞起的蝴蝶并不离去，很快又重新飞落到树上，好像对这棵树有难分难舍之情，它们要在这里聚集几天之后，才逐渐离去。

有趣的是每到秋天，在美国太平洋沿岸的蒙特利森林也会出现这样一幅奇妙的景象：成千上万只色彩艳丽的蝴蝶从北方飞来，落在森林的一棵棵松树上，使墨绿色的松林，一下子变成了五光十色的"蝴蝶世界"。直至第二年春天，成群的蝴蝶才悄然离去。这种现象人们一直无法解释。

在南美巴西亚马孙河流域有一种牛奶树，分泌的奶汁可以供人饮用。它的树皮一旦被刀子割开，便会流出营养成分、味道都与牛奶相近的牛奶。每棵牛奶树每次产"奶"达3升。

在线小知识

能抗干旱的植物

水对植物的重要性

水是植物体内最多的物质，也是最重要的、无法替代的物质。水分占植物体总重的60%至90%，既可作为各种物质的溶剂充满在细胞中，也可以与其他分子结合，维持细胞壁、细胞膜等的正常结构和性质，使植物器官保持直立状态。植物细胞内的物质运输、生物膜装配、新陈代谢等过程都离不开水。

如果没有水，植物将无法顺利地散发热量，保护自己不受炎夏的烈日灼伤。如果没有水，植物也无法吸收土壤中的矿物质和有机营养。

水不但是植物体自身生长和发育必需的物质条件，也是植物体与周围环境相互联系的重要纽带。

当植物遇到干旱时

当一棵正在旺盛生长的植物所能吸收的水分不能满足自身需求时，最初，叶片只是一点一点地萎蔫。如果不能得到及时的水分补给，植物就会逐渐放慢甚至停止生长发育，叶片乃至整个植株逐渐干枯，变黄脱落，轻则生物量下降，重则植物死亡。

导致植物干旱的原因很多，一种是由于土壤水分不足，致使土壤盐分浓度增高和有毒物质增多，使植物根系不能吸水分而萎蔫，还会进一步加深干旱的伤害。

那么，植物在干旱来临时就只能被动忍耐、束手无策了吗？

虽然对大多数陆生植物来说，抵御干旱的能力有限，尤其是生长在水分较丰富地区的那些很少遇到干旱的湿生植物和中生植物，即使这些植物也都具有一

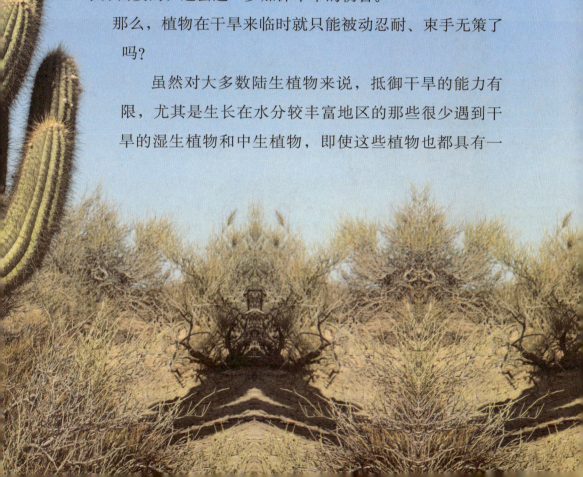

些基本的能力，可以抵御持续时间短的、程度较轻的干旱胁迫。如果干旱胁迫延长，植物就会加强根系的生长，主根向下伸长进入更深的地底寻找水源，侧根和根毛增多，使植物吸收水分的面积增大，促进水分的吸收。同时减缓地上部的生长，以减少水分和能量消耗，并转向生殖生长，促进衰老以加速果实和种子成熟，以生物量和产量为代价来换取生命的延长和延续。这也是为什么旱灾经常导致严重的农作物减产。

植物对决干旱

伟大的自然界中总有坚强的斗士。虽然干旱会对植物造成巨大的伤害，虽然植物无法像人和动物一样逃离危险，但是即使那

一望无垠的古老荒漠的墨西哥北部高原也遍布着"荒漠之泉"仙人掌，甚至那坚硬的石头上都可以看见倔强的"九死还魂草"卷柏。我们不得不赞叹自然进化的神奇和生命的顽强！这些不幸生长在缺水干旱环境下的植物又是怎样活下来的呢？如果要用一句话概括，应该是八仙过海，各显其能。

在非洲的撒哈拉大沙漠里生长着一种叫"短命菊"的菊科植物，只要有一点点雨滴的湿润，它的种子就会马上发芽生长，并在短暂的几个星期里完成发芽、生根、生长、开花、结果、死亡的全过程。

沙漠中还有一种木贼，它的种子在降雨后10分钟就开始萌动

发芽，10个小时以后就破土而出，迅速地生长，仅仅两三个月就走完了自己的生命历程。它们懂得适应气候特点，利用短暂的雨季或仅一次降雨来完成生长和繁殖，而避开旱季。

更多的植物是通过一些特殊的结构上的适应，来维持在干旱环境中生长发育所需的水分，这些植物通常被冠以"耐旱植物"的美称。例如一些生长在我国西北沙漠和戈壁中的植物常具有十分发达的根系，能充分利用土壤深层的水分，并及时供应地上器官，就像沙漠中的胡杨树，可将根扎进地下10多米，顽强地支撑起一片生命的绿洲。

有些植物为了抗旱，退化叶片，或将叶片变成鳞片、膜、鞘、革质，以减小蒸腾失水，就像梭梭和柽柳，最大限度地保持和利用那来之不易的有限水分。还有些植物具有特殊的控制蒸腾作用的结构，如马蔺叶片表面具有的厚角质层，沙冬青的叶表面有一层蜡质或灰白色毛，夹竹桃叶片气孔凹陷等。这些耐旱植物对付旱情的有力措施，都是通过有效地保水或吸水以保持达到水分平衡的目的。

仙人掌科和景天科植物更为特殊，具有肉质结构，贮水组织非常发达，如北美洲沙漠中的仙人掌，一棵可以高达15米至20米，贮水2000千克以上。另外，这类植物有特殊的光合固定二氧化碳途径，气孔白天关闭，利用体内固定的二氧化碳进行光合作用。夜晚张开，吸收二氧化碳并固定。这样一来，既可以减少蒸腾量，维持水分平衡，又能同化二氧化碳，这种策略也是保水耐旱。

神奇的复苏植物

自然界中还有一类植物，可以生活在极端干旱的环境里，但是并没有特殊的结构来保水，也没有强大的根系来吸水。这类植物采取的是一种相反的策略，即快速彻底地脱水，减弱生理代谢活动，进入一种类似休眠的状态度过干旱时期。而在水分变得充足时又快速地吸收水分，恢复生活状态，继续完成其生活史。在休眠至生长的这个过程中，这些植物表现出形态结构上的可见变化，干旱时叶片发生卷曲、变硬、失绿，复水时逆转，重新变得舒展、柔软、鲜绿，就像它死而复生一般，因此人们把这类植物称为复苏植物。英语有个非常有意思的表达，说它们是干而不死。

我国明代《本草纲目》中就记载过的"九死还魂草"卷柏，可以在晾干后，经浸水而生。据说卷柏的干标本在时隔11年之

后浸在水里，居然能还魂复活恢复生机。

笔者也曾将一种名为牛耳草的苦苣苔科植物风干5年后放在湿滤纸间，几个小时后就复苏了。所以这类植物的适应策略是耐旱但不保水。

科学研究告诉我们的真相

细胞学和分子证据显示低等复苏植物和高等复苏植物在干旱和复水过程中的表现和采取的手段是不同的，后者显然更经济划算。虽然很多陆生植物的种子和花粉能够耐脱水，但复苏植物是唯一能够以叶子等营养器官忍耐脱水的一类植物。

最新的理论推测耐脱水性是一种古老的性状，大概在植物从水生向陆生进化的过程中获得。但由于陆生植物获得了越来越有效地吸收、运输和保持水分的结构，如维管组织，这种耐脱水能力仅仅被保留在种子和花粉中，而在叶片等营养器官中被丢失

了。只有生活在长期或季节性干旱生境中的一些植物在长期适应性进化过程中对种子中的耐脱水程序进行重新编程，使之在营养器官中重现而重新获得了复苏能力。

人类的不断探索

对自然奥妙的好奇一直是科学进步的主要动力之一。虽然植物对干旱的反应与适应这个问题在人类孜孜不倦的努力探索下已经获得了长足的进步。然而，关于形形色色的避旱植物和耐旱植物适应干旱的分子机理、环境影响与遗传控制，以及能否加以利用来改良农作物的抗旱性，仍然是很多科学工作者正在努力攻关的难题。

在线小知识

仙人掌：叶子变异成细长的刺或白毛，可以减弱阳光对植株的危害，减少水分蒸发；茎秆粗大肥厚，使身体伸缩自如，干旱缺水时能够向内收缩，既保护了植株表皮，又有散热降温的作用。

植物的个性

　　植物和人类一样，也有个性，也有喜怒哀乐，甚至还有对"精神生活"的"需求"，它们能够听懂音乐，并且能够在轻松的曲调中茁壮成长。

植物也有喜怒哀乐

荒诞的念头

1966年2月的一天上午，有位名叫巴克斯特的情报专家正在给庭院花草浇水，这时他脑子里突然出现了一个古怪的念头。也许是经常与间谍、情报打交道的缘故，他竟异想天开地把测谎仪器的电极绑到一棵天南星植物的叶片上，想测试一下水从根部到叶子上升的速度究竟有多快。结果，巴克斯特惊奇地发现，当水从根部徐徐上升时，测谎仪上显示出的曲线图，居然与人在激动

时测到的曲线图形很相似。难道植物也有情绪？如果真的有，那么它又是怎样表达自己的情绪呢？巴克斯特暗下决心，要找到问题的答案。

巴克斯特做的第一步，就是改装了一台记录测量仪，并把它与植物相互连接起来。接着他想用火去烧叶子。就在他刚刚划着火柴的一瞬间，记录仪上出现了明显的变化。燃烧的火柴还没有接触到植物，记录仪的指针已剧烈地摆动，甚至超出了记录仪的边缘。显然，这说明植物已产生了很强烈的恐惧心理。

后来，他又重复多次类似的实验，仅仅用火柴去恐吓植物，但并不真正烧到叶子。结果很有趣，植物好像已渐渐感到这仅仅是威胁，并不会受到伤害。于是再用同样的方法就不能使植物感到恐惧了，记录仪上反映出的曲线变得越来越平稳。

后来，巴克斯特又设计了另一个实验。他把几只活海虾丢入沸腾的开水中，这时植物马上陷入极度的刺激之中。试验多次，每次都有同样的反应。

实验结果变得越来越不可思议，巴克斯特也越来越感到兴奋。他甚至怀疑实验是否完全正确严谨。为了排除任何可能的人为干扰，保证实验绝对真实，他用一种新设计的仪器，不按事先规定的时间自动把海虾投入沸水中，并用精确至1／10秒的记录仪记下结果。巴克斯特在3间房子里各放一棵植物，让它们与仪器的电极相连，然后锁上门，不允许任何人进入。第二天，他去看试验结果，发现每当海虾被投放沸水后的6秒至7秒钟后，植物的活动曲线便急剧上升。根据这些，巴克斯特提出，海虾死亡引

起了植物的剧烈曲线反应，这并不是一种偶然现象，几乎可以肯定，植物之间能够有交往，而且，植物和其他生物之间也能发生交往。

巴克斯特的发现引起了植物学界的巨大反响。有个研究者大胆地提出，植物具备心理活动，也就是说植物会思考，也会体察人的各种感情。他甚至认为，可以按照不同植物的性格和敏感性对植物进行分类，就像心理学家对人进行的分类一样。

植物愤怒的表现

日本的生物学教授三和广行等科学家做过如下试验：将电极插入植物的叶片内，并连通到电流表上，借以测量叶片所释放的生物电能，然后再将所测得的电能放大，再用扩大器播放出来，于是就能听到植物发出的声音。

如果将植物的枝叶折断，或者让昆虫咬它们的叶子，植物同样会因为"疼痛"而呜呜"哭泣"。当西红柿生长

缺水时，它们也会发出"呼喊"声，若"呼喊"后仍得不到水"喝"，"呼喊"声就会变成"呜咽"声。这种声音是那些从根部向叶子传导水分的导管在萎缩时发出的。当它们缺水时，导管内的压力明显上升，直到相当于轮胎碾压的25倍，造成这些导管破裂而发出"哭泣"声。

近年来，植物学家通过现代科技，发现了植物的一个奇特现象：每当有凶杀案在植物附近发生时，植物会产生一种特殊的"愤怒"反应，并记录下凶杀过程的每个细节，是一个不为人注意的现场"目击者"。对此，美国植物学家柏克斯德博士曾进行过多次试验：在一盆仙人掌前组织几个人搏斗，结果，接在仙人掌上的电流，会把仙人掌的整个反应记录全部变成电波曲线图，可以通过这些电波曲线图了解凶杀打斗的全部过程。

美国科学家们预言：无需多少年，一些凶杀案件的侦破，可求助于凶杀现场的植物。植物可充当"目击者"，由植物语言学家充当翻译，译出植物记录下的凶杀过程，为判断死者是自杀或他杀提供重要线索。

喜怒哀乐的表现

人们对植物情感的研究兴趣更趋浓厚了。科学家们开始探索"喜怒哀乐"对植物究竟有多少影响。有一位科学家每天早晨都为一种叫加纳茅菇的植物演奏25分钟音乐，然后在显微镜下观察其叶部的原生质流动的情况，结果发现在奏乐的时候原生质运动得快，音乐一停止即恢复原状。他对含羞草也进行了同样的实验。听到音乐的含羞草，在同样条件下比没有听到音乐的含羞草高1.5倍，而且叶和刺长得满满的。其他科学家们还发现一个有趣的现象：植物喜欢听古典音乐，而对爵士音乐却不太喜欢。

苏联科学家维克多做过一个有趣的实验。他先用催眠术控制一个人的感情，并在附近放上一盆植物，然后用一个脑电仪，把人的手与植物叶子连接起来。当所有准备工作就绪后，维克多开始说话，说一些愉快或不愉快的事，让接受试验的人感到高兴。这时，有

趣的现象出现了，植物和人不仅在脑电仪上产生了类似的图像反应，更使人惊奇的是当试验者高兴时，植物便竖起叶子，舞动花瓣；当维克多在描述冬天寒冷，使试验者浑身发抖时植物的叶片也会瑟瑟发抖；如果试验者感情变化为悲伤，植物也出现相应的变化，浑身的叶片会沮丧地垂下了头。

尽管有以上众多的实验依据，但关于植物有没有情感的探讨和研究，迄今还没有得到所有科学家们的肯定，有无数值得深入了解的未知之谜等待着人们去探索、揭晓。

在线小知识

为了能更彻底地了解植物如何表达感情的奥秘，英国科学家和日本科学家特意制造出一种植物活性翻译机。这种仪器非常奇妙，只要连接上放大器和合成器，就能够直接听到植物发出的声音。

能听歌跳舞的植物

听音乐高产的农作物

加拿大有个农民做过一个有趣的实验，他在小麦试验地里播放巴赫的小提琴奏鸣曲，结果听过乐曲的那块实验地获得了丰产，它的小麦产量超过其他实验地产量的66%，而且麦粒又大。

20世纪50年代末，美国农学家在温室里种下了玉米和大豆，同时控制温度、湿度、施肥量等各种条件，随后他在温室里放上录音机，24小时连续播放著名的《蓝色狂想曲》。不久，他惊讶地发现，听过乐曲的籽苗比其他未听乐曲的籽苗提前两个星期萌发，而且前者的茎干要粗壮得多。农学家感到很出乎意料。后来，农学家继续对一片杂交玉米的试验地播放经典和半经典的乐曲，一直从播种到收获都未间断。结果又完全出乎意料，这块试验地比同样大小的未听过音乐的试验地，竟多收了700多千克的玉米。他还惊喜地看到，收听音乐长大的玉米长得更快，颗粒大小匀称，并且成熟得更早。

如果能在农田里播放轻音乐，就可以促进植物的成长而获得大丰收，这似乎不是遥远的事情了。

美国密尔沃基市有一位养花人，当向自家温室里的花卉播放乐曲后，他惊奇地发现这些花卉发生了明显的变化：这些栽培的花卉发芽变早了，花也开得比以前茂盛了，而且经久不衰。这些花看上去更加美丽，更加鲜艳夺目。在一棵西红柿的枝干上悬着个耳塞机，靠近它可以听到里面正传出悠扬动听的音乐不久。奇迹出现了，这棵西红柿长得又高又壮，结的果实也又多又大，最大的一个竟有2000克。

不同植物的不同音乐爱好

那么，西红柿到底喜欢听哪种音乐呢？人们继续做实验。对有的西红柿播放摇滚乐曲，有的播放轻音乐，结果发现听了舒

缓、轻松音乐的西红柿长得更为苗壮，而听了喧闹、杂乱无章音乐的番茄则生长缓慢，甚至死去。原来西红柿也有对音乐的喜好和选择。

几乎所有的植物都能听懂音乐，而且在轻松的曲调中苗壮成长。甜菜、萝卜等植物都是音乐迷。有的国家用听音乐的方法培育出2500克重的萝卜，小伞那样大的蘑菇，2700克重的卷心菜。

黄瓜、南瓜喜欢箫声；西红柿偏爱浪漫曲；橡胶树喜欢噪声。美国科学家曾对20种花卉进行了对比观察，发现噪声会使花卉的生长速度平均减慢47%，播放摇滚乐，就可能使某些植物枯萎，甚至死亡。

植物听音乐的原理是什么呢？原来那些舒缓动听的音乐声波的规则振动，使得植物体内的细胞分子也随之共振，加快了植物的新陈代谢，而使植物生长加速起来。

会跳舞的舞草

在我国的广西、福建、台湾，以及越南、印度等地确实生长着一种会跳舞的草，人们管它叫舞草。舞草与大豆一样属豆科，是大豆的"近亲"。

它的叶片是由3片叶组成的复叶，中间的那片叶特别大，为长圆形，而两侧的叶子很小，开紫红色的花，结一种直镰刀形的荚果。有趣的是，舞草的两片小叶，可自由地回转运动，大约每分钟转一次；中间的大片叶只做角度约为6度至20度的摇摆运动，看上去好像在不停地跳舞。

舞草舞动之谜

舞草为什么会跳舞呢？科学家通过观察发现，舞草的跳舞行为与阳光有关系。如把舞草移到黑暗的地方，它的动作就会慢慢减弱，以致最后停止；如再把它移回阳光下，它又开始舞起来了。此外，舞草的跳舞行为与温度也有关系。如外界温度达到30℃度，西侧的小叶跳得最欢，而且舞步呈圆圈状；如气温低于或高于30℃，它就跳得没有那么畅快，并且舞步呈椭圆形。

经过科学家们研究，进一步揭开了舞草跳舞的奥秘。原来，舞草叶柄的叶座细胞在阳光和温度的刺激下，会收缩或者舒张，由此导致了叶片的运动。这种运动有利于舞草本身的生存：减少阳光的直射面积，减少水分的蒸腾，防止昆虫等动物的危害。

这么说来，舞草跳舞并不是要给人欣赏的，而是出于它自己生存的需要。

在线小知识

云南西双版纳的原始森林里，有一棵会"欣赏"音乐的小树，当地人管它叫"风流树"。当播放轻音乐或抒情歌曲时，小树就会随音乐起舞。如果播放的是进行曲或嘈杂的音乐，小树就不舞动了。

神奇的植物睡眠

奇怪的植物睡眠

睡眠是我们人类生活中不可缺少的一部分。经过一天的工作或学习，人们只要美美地睡上一觉，疲劳的感觉就都消除了。动物也需要睡眠，甚至会睡上一个漫长的冬季。可现在说的是植物的睡眠，也许你就会感到新鲜和奇怪了。

其实，每逢晴朗的夜晚，我们只要细心观察周围的植物，就会发现一些植物已发生了奇妙的变化。比如公园中常见的合欢树，它的叶子由许多小羽片组合而成，在白天舒展而又平坦，可一到夜幕降临时，那无数小羽片就成对成对地折合关闭，好像被手碰撞过的含羞草叶子，全部合拢起来，这就是植物睡眠的典型现象。有时候，我们在野外还可以看见一种开着紫色小花，长着3片小叶的红三叶草，它们在白天有阳光时，每个叶柄上的3片小叶都舒展在空中，但到了傍晚，3片小叶就闭合在一起，垂下头来准备睡觉。花生也是一种爱睡觉的植物，它的叶子从傍晚开始，便慢慢地向上关闭，表示白天已经过去，它要睡觉了。以上只是一些常见的例子，会睡觉的

植物还有很多很多，如酢浆草、白屈菜、含羞草、羊角豆……

不仅植物的叶子有睡眠要求，就连娇柔艳美的花朵也要睡眠。例如，在水面上绽放的睡莲花，每当旭日东升之际，它那美丽的花瓣就慢慢舒展开来，似乎刚从酣睡中苏醒；而当夕阳西下时，它又闭拢花瓣，重新进入睡眠状态。由于它这种"昼醒晚睡"的规律性特别明显，才因此得此芳名——睡莲。

各种各样的花儿，睡眠的姿态也各不相同。蒲公英在入睡时，所有的花瓣都向上竖起来闭合，看上去好像一个黄色的鸡毛帚。胡萝卜的花，则垂下头来，像正在打瞌睡的小老头。

更有趣的是有些植物的花白天睡觉，夜晚开放，如晚香玉的花，不但在晚上盛开，而且格外芳香，以此来引诱夜间活动的蛾子来替它传授花粉。还有我们平时当蔬菜吃的瓠子，也是夜间开花，白天睡觉，所以人们称它为夜开花。令我们不解的一个问题是植物的睡眠能给植物带来什么好处呢？

植物睡眠的优点

最近几十年，科学家围绕着睡眠运动的问题，展开了广泛的讨论。

最早发现植物睡眠运动的人，是英国著名的生物学家达尔文。100多年前，他在研究植物生长行为的过程中，曾对69种植物的夜间活动进行了长期观察，发现一些积满露水的叶片，因为承受到水珠的重量往往比其他的叶片容易受伤。后来他又用人为的方法把叶片固定住，也得到相类似的结果。在当时，达尔文虽然无法直接测量叶片的温度，但他断定叶片的睡眠运动对植物生长极有好处，也许主要是为了保护叶片抵御夜晚的寒冷。

达尔文的说法似乎有一定道理，可是它缺乏足够的实验证据，所以一直没有引起人们的重视。直至20世纪60年代，随着植

物生理学的高速发展，科学家们才开始深入研究植物的睡眠运动，并提出了不少解释它的理论。

起初，解释睡眠运动最流行的理论是月光理论。提出这个论点的科学家认为，叶子的睡眠运动能使植物尽量少遭受月光的侵害，因为过多的月光照射，可能干扰植物正常的光周期感官机制，损害植物对昼夜长短的适应。然而，使人们感到迷惑不解的是，为什么许多没有光周期现象的热带植物，同样也会出现睡眠运动，这一点用月光理论是无法解释的。

后来，科学家们又发现，有些植物的睡眠运动并不会受到温度和光强度的控制，而是由于叶柄基部中的一些细胞的膨压变化引起的。例如，合欢树、酢浆草、红三叶草等，通过叶子在夜间的闭合，可以减少热量的散失和水分的蒸腾，起到保温保湿的作用，尤其是合欢树，叶子不仅仅在夜晚会关闭睡眠，在遭遇大风大雨袭击时也会渐渐合拢，以防柔嫩的叶片受到暴风雨的摧

残。这种保护性的反应是对环境的一种适应，与含羞草很相似，只不过反应没有含羞草那样灵敏。

是温度在作怪吗

随着研究的日益深入，各种理论观点一一被提了出来，但都不能圆满地解释植物睡眠之谜。正当科学家们感到困惑的时候，美国科学家恩瑞特在进行了一系列有趣的实验后提出了一个新的解释。他用一根灵敏的温度探测针，在夜间测量多花菜豆叶片的温度，结果发现不进行睡眠运动的叶子温度，总比进行睡眠的叶子温度要低一度左右。

恩瑞特认为，正是这仅仅一度的微小温度差异，已成为阻止或减缓叶子生长的重要因素。因此，在相同的环境中，能进行睡眠运动的植物生长速度较快，与其他不能进行睡眠运动的植物相比，它们具有更强的生存竞争能力。

植物午睡的习惯

植物睡眠运动的本质正不断地被揭示。更有意思的是科学家们发现，植物不仅在夜晚睡眠，而且竟与人一样也有午睡的习惯。小麦、甘薯、大豆、毛竹甚至树木，众多的植物都会午睡。原来，植物的午睡是指中午大约11时至下午14时，叶子的气孔关闭，光合作用降低这一现象。这是科学家们在用精密仪器测定叶子的光合作用时发现的。

科学家们认为植物午睡主要是由于大气环境的干燥和火热。午睡是植物在长期进化过程中形成的一种抗衡干旱的本能，为的是减少水分散失，以利在不良环境下生存。由于光合作用降低，午睡会使农作物减产，严重的可达1／3甚至更多。为了提高农作物产量，科学家们把减轻甚至避免植物午睡，作为一个重大课题来研究。

我国科研人员发现，用喷雾方法增加田间空气温度，可以减轻小麦午睡现象。实验结果是小麦的穗重和粒重都增加了，产量明显提高。可惜喷雾减轻植物午睡的方法，在大面积耕地上应用还有困难。随着科学技术的迅速发展，将来人们一定会创造出良好的环境，让植物中午也高效率地工作，不再午睡。

在线小知识

在植物界中，太阳花就是一个贪睡的小家伙，它在上午10时才刚刚醒来，绽开出五颜六色的花儿，可是一过中午，它的花就闭合起来睡眠了。碰到阴天，它似乎很贪玩，要到傍晚才进入梦乡。

闻所未闻的奇异植物

胎生植物

在一些热带海边的沙滩上，生长着一种胎生植物群落，这就是红树林。

这种红树林的种子成熟后并不脱落，而是在母树上继续发育，直至长成具有支撑根和呼吸根的棒状幼苗，随风跌落到海滩泥地上，便独立生长成林。

温血植物

澳大利亚科学家发现了一些"温血植物"，无论外界环境如何，植物花朵的温度总是保持恒定状态。他们把这类植物命名为温血植物。例如葛芋花的温度约38℃，而外界气温达20℃时，其温度还维持在40℃左右。

温血植物的这种温度调节能力，是为了把自

身的花朵当成一个微型小环境，从而吸引昆虫，提高授粉概率。

伪装的生石花

生石花生活在非洲南部的沙漠地区，颜色、形状与卵石相似，叶肥厚多汁，裹成卵石状，能贮存水分。生石花开金黄色的花，非常好看，而且一棵只开一朵花，不过只开一天就凋谢。

生石花生成这个样子，当然是为了鱼目混珠，蒙骗动物，避免被吃掉。生石花喜欢与沙砾乱石为伴，要是离开了这种环境就很难活命。

会释放毒素报复的植物

科学家研究发现，有些植物在受到不公平待遇时就会揭竿而起。如个别人把花盆当烟灰缸使，在花根上摁灭烟头，这种行为

会让受到伤害的花草非常气愤，它们会对伤害自己的恶徒释放有害化合物。再比如，如果把西红柿的植株搬到卧室过夜，又忘给它浇水，它就用释放清醒剂的方式向主人发出抗议。

英国生物学家迈森就尝过植物的造反之苦。他屋里有一棵小榕树，以前他对小榕树悉心照料。后来，迈森由于忙于工作，冷落了小榕树。意想不到的是迈森的妻子便患上以前从未有过的好几种怪病，怀孕后又得了严重的中毒症，医生费尽心机也未能保住胎儿。

经过反复思考，聪明的迈森猜测到造成妻子身上发生的一系列怪现象的原因，可能就是疏于对小榕树的照料，因而小榕树便对让它失宠的女主人释放毒素进行报复。迈森将榕树搬走后不

久，妻子的怪病果然全好了。

科学家还发现，植物在同伴权益受到损害时也敢于拔刀相助。

美国犯罪研究中心的巴科斯塔博士做过用植物来鉴别犯人的一系列实验：在有两棵植物的房间里，相继进入6人，其中一人将一棵植物的茎折断了。然后，他在没有被折断的那棵植物上接上电极，再唤出那6个人。当那位毁其同胞的罪犯进来时，被测植物的感情波动曲线竟然出乎人们意料地剧烈跳起来，仿佛在指证：罪犯就是他。由此可见，植物具有辨别能力。

在线小知识

植物王国中最长寿的叶子：非洲西南部的沙漠中，生长着一种叫百岁叶的植物。百岁叶的长相十分古怪，百岁叶虽然只有两片叶子，但和它的生命共存亡，能生长100多年，所以叫它百岁叶。

植物与动物合作

蚂蚁和金合欢

在非洲肯尼亚大草原上的金合欢树都长满了锐利的刺，这是为了防止食草动物侵犯它们的有力武器。其中有一种金合欢树另外还长着一种特殊的刺，刺中空，下端膨大，风吹过会发出像哨子一样的声音，所以，它们被叫做哨刺金合欢。在哨刺里头，经常进进出出着一种褐色举腹蚂蚁。非洲的草原在旱季则变得干裂，因此，不适合蚂蚁在地下建巢，蚂蚁就把家安在了金合欢树上，住在空心的刺里头做起了房客。

植物奥妙的科学答案　植物天地缩影

当长颈鹿等大型食草动物小心翼翼地躲开刺去吃金合欢树上的嫩叶时，举腹蚁觉察到后便蜂拥而至，拼命地叮咬长颈鹿的舌头，迫使长颈鹿离开。金合欢树为了留住蚂蚁当保护神，还慷慨地为它们准备了美味的食物：在树叶基部有蜜腺分泌蜜汁供举腹蚁享用。

除了这种褐色举腹蚁，还有两种举腹蚁也以金合欢为家。一棵金合欢树上只能生活着一种蚂蚁。如果有两种蚂蚁撞到了一起，它们就会展开你死我活的决斗，直至有一方独霸金合欢树。在战争中，褐色

举腹蚁往往占优势，大约一半以上的金合欢树都被这种举腹蚁占据。

蚂蚁和金合欢的相互关系，是一种互利共生的关系。蚂蚁需要金合欢为它提供食宿，而金合欢也需要蚂蚁保护自己少受食草动物的侵害。蚂蚁还能清除与之竞争的其他植物。倘若没有蚂蚁的保护，金合欢就会被食草动物吃掉，或被其他植物排挤。

树栖蚁和蚁栖树

南美洲巴西的密林中，生长着一种属于桑科植物的蚁栖树。这

种树的树干中空有节像竹子一样，叶子却像蓖麻那样具有掌状单叶。树干表面密布着无数的小孔。仔细看可以看到有些蚂蚁从这些小孔进进出出。

在同一密林中，生长着一种森林害虫，这就是专吃各种树叶的啮叶蚁。但这种啮叶蚁对蚁栖树却无可奈何。原因是蚁栖树上同时生长着另一种叫"阿兹特克蚁"的益蚁，也叫树栖蚁。原来，蚁栖树中空的躯干是树栖蚁的理想住宅。每当啮叶蚁前来侵犯它的住房时，树栖蚁们团结起来奋勇迎敌，坚决将啮叶蚁驱逐出境，保卫房主的树叶安然无恙。

蚁栖树不仅为树栖蚁提供免费住所，还产一种小果子专供树栖蚁享用。这是因为蚁栖树的每个叶柄基部长着一丛细毛，其中长出一个小球，叫"穆勒尔小体"，是由蛋白质和脂肪构成的，给益蚁提供了富含蛋白质和脂肪的食物。奇怪的是这些小果子被搬走以后，不久又生出新的来，使益蚁长期有东西吃。

树栖蚁为报答房主的殷勤款待，不但可以驱赶和消灭各种

食叶蛀木害虫，特别是啮叶蚁，还会全力地帮助蚁栖树，并且为他做许多好事。比如，树栖蚁精心清除树上有害的真菌，帮助蚁栖树同讨厌的藤本植物作斗争等。

在树栖蚁的保护下，蚁栖树已经丧失了同类植物所及有的各种防卫能力，所以，一旦失去了树栖蚁的保护，它很难生存。

金鱼草与蜜蜂

金鱼草，也叫龙头花，狮子花、龙口花、洋彩雀，它是唇形花冠，但是唇形花冠的上下唇老是互相扣紧闭合着。雌蕊、雄蕊和蜜腺都闭锁在花筒里面，这样一种结构，如果昆虫太小，就不能拨开下唇，进入花内。如果昆虫太大，虽然拨开下唇，也不能进入里面。只有像蜜蜂这样的中等昆虫，既能拨开下唇，又能进入筒内。

当蜜蜂探身进入花冠筒时，它的背部就接触到了花药和柱

头，由于花药在两侧，柱头在中央，因此同一朵花的花粉不致被蜜蜂带到自己的柱头上，而蜜蜂背部带来的金鱼草花的花粉正好触在这朵花的柱头上，从而完成了异花传粉。

兰花与黄蜂

热带有一种兰花，它的下唇花瓣很像一只浴盆，里面常贮满清水。浴盆内有一条狭窄的甬道，甬道的顶部生有雄蕊和雌蕊。当黄蜂钻进花内吸蜜时，一失足跌入浴盆内。当它湿淋淋地爬起来挣脱逃走时，也只能通过甬道爬出来，这样就让黄蜂把从别朵兰花里带来的花粉，涂抹在这朵花的雌蕊上，同时又让黄蜂把这朵花的花粉带到别处去。

另外，兰花还具有模仿能力，它能模仿雌黄蜂

来吸引雄黄蜂为自己传播花粉。同时也使雄黄蜂获得营养物质。这是怎么回事呢？原来，兰花在盛开之后，其花朵的颜色和形状与雌黄蜂的外形非常的相似。

更主要的是，兰花的香气和雌黄蜂几乎是一样的，活生生就是一只对雄黄蜂具有无限吸引力的雌黄蜂。

上面的例子告诉我们，不同种类的昆虫为特定的开花植物传送花粉，同时又以这些植物的花粉作为自己的营养物质。在这种互利互惠、相互适应的过程中，它们各自的种族都得以繁衍。

花与昆虫的关系不是一朝一夕形成的，它是在长期的生物进化过程中，植物与昆虫彼此相适应的结果。

在线小知识

人们将金合欢树用围栏保护起来，使其不受动物的侵扰，但它却面临着死亡。因为，在没有长颈鹿等动物的侵扰时，金合欢树就不会有汁液流出，含羞草工蚁就没有吃的，最终只好离开金合欢树。

植物也会呼吸吗

时刻在呼吸着的植物

植物虽然没有呼吸器官，但是，实际上植物在它的一生当中，无论是根、茎、叶、花，还是种子和果实，时时刻刻都在进行着呼吸，只是人的肉眼看不出来。

不过，要想了解植物的呼吸也并不难。我们把植物放在一个一点也不漏气的容器里，过一段时间以后，测试一下就会发现容器里的氧气减少了，二氧化碳增多了。原因就是植物在进行呼吸，把氧气吸收了，放出了二氧化碳。

植物为什么呼吸

植物身体里有许多有机物质，比如糖类、脂肪和蛋白质都要通过呼吸作用来进行氧化分解。

平常在氧气充足的情况下，植物体内的有机物质被彻底地氧化分解，最后生成二氧化碳和水等，这叫有氧呼吸。有氧呼吸能够释放出很多的能量，这些能量可以供给植物本身生命活动的需要。

植物在呼吸的过程中，有机物质

的氧化分解，是一步一步进行的，整个过程中间就会生成许多种化学成分不同的物质。这些物质是植物用来合成蛋白质、脂肪和核酸的重要材料。所以，呼吸活动跟植物身体里各种物质的合成和互相转化有密切关系。

　　植物如果处在缺氧的环境里，它不会像动物那样马上停止呼吸，很快死亡。植物在缺氧的时候，虽然没有从外界吸收氧气，可是它照旧能够排出二氧化碳，这叫无氧呼吸。但是，这种无氧呼吸对植物是很不利的，因为有机物质氧化分解不彻底，会造成植物体内的细胞中毒，最后导致植株死亡。

在线小知识

　　呼吸根：有一种长在海边的海桑树，树主干附近的地面上长有许多根，它向上长着。主要是在退潮时，靠这些根进行呼吸。这种根的顶端松软、有孔，里面有气道，有利于空气的流通和贮藏。

植物的妙用

　　平凡的植物蕴藏着神奇的本领，它们能够为人类预测天气，预报地震，甚至还能探矿和检测环境。认识植物对于我们人类更好的生活具有极重要的意义。

植物预报地震之谜

可以预报地震的植物

在印度尼西亚爪哇岛的一座火山的斜坡上，遍地生长着一种花，它能准确地预报火山爆发和地震的发生。

如果这种花开得异常，那就是告诉人们，这一地区将有大灾降临，不是将有火山爆发，就是又有地震发生。据说，其准确率高达90%以上。

20世纪80年代以后，科学家对植物是否能预测地震进行了相关研究，从植物细胞学的角度，观察和测定了地震前植物机体内的变化。

经研究后发现，生物体的细胞犹如一个活电池，当接触生物体非对称的两个电极时，两电极之间产生电位差出现电流。

日本东京女子大学岛山教授经过长期不断的观察研究，对合欢树进行了多年生物电位测定，发现合欢树能预测地震。

在1978年6月10日至11日白天，合欢树发出了异常大的电流，特别是在12日上午10时左右观测到更大的电流后，下午17

时14分，在宫城海域就发生了7.4级地震。

1983年5月26日中午，日本海中部发生了7.7级地震，在震前20小时岛山教授就观测到合欢树的异常电流变化，并预先发出了警告。

这表明，合欢树能够在地震前做出反应，出现异常大的电流。有关专家认为，这是由于它的根系能敏感地捕捉到作为地震前兆的地球物理化学和磁场的变化。

植物为什么能预感地震

据苏联的一位教授观察，有时花开得不合时令，是因为火山爆发或地震出现的先兆，即由高频超声波而引起的。

这种异常出现的超声波振动促使地震花的新陈代谢，并且使之发生突变，于是花就开了，向人们发出了将有火山爆发或地震

发生的预报。例如，在地震前，蒲公英在初冬季节就提前开了花；山芋藤也会一反常态突然开花；竹子不但会突然开花，还会大面积死亡等。这些异常现象往往预示着地震即将发生。

含羞草是一种对环境变化很敏感的植物，在正常的情况下，含羞草的叶子白天是呈水平张开的，而随着夜色的渐渐降临，叶子会慢慢地闭合起来。但是，在地震即将发生前的一个时期，含羞草的叶子却在大白天也会闭合，而在夜间却莫名其妙地撑开来。

专家认为，在地震孕育的过程中，因地球深处会产生巨大压力，并产生电流。电流分解了石岩中的水，产生了带电粒子。带电粒子被挤到地表，再跑到空气中，产生了带电悬浮的粒子或离子，使植物产生异常的反应。

　　合欢花能在震前两天做出反应，就是由于它的根部能敏感地捕捉到震前的地球物候变化和磁场变化信息的缘故。因此，我们可以通过观察有些植物震前的异常变化，提供地震预报信息，但对如何通过植物在震前发生的异常变化，比较准确地判断地震发生的时间、地点，以及强度，专家还需要进一步研究后才能得知。

在线小知识

　　据我国科学家统计：1975年辽宁省海城地震前，出现植物提前开花现象；1976年8月16日四川省松潘7.2级地震前出现毛竹开花和古树两度开花的异常现象。但是6级中强地震前没有类似的现象。

植物预报天气之谜

花中的天气预报员

我国西双版纳生长着一种奇妙的花，每当暴风雨将要来临时，便会开放出大量美丽的花朵，红色的花瓣染遍了深山老林，染红了悬崖峭壁。人们根据这一特性，就可以预先知道天气的变化，因此大家叫它风雨花。风雨花又叫红玉帘、菖蒲莲、韭莲，是石蒜科葱兰属草本花卉。它的叶子呈扁线形，很像韭菜的长叶，弯弯悬垂。

科学家通过研究发现，风雨花能预报风雨的奥秘是在暴风雨到来之前，外界的大气压降低，天气闷热，植物的蒸腾作用增大，使它贮藏养料的鳞茎产生大量的激素，这种激素便促使它开放出许多花朵。

无独有偶，在澳大利亚和新西兰生长着一种神奇的花，也能够预报晴天和下雨，所以大家叫它报雨花。这种花和我国的菊花非常相似，花瓣也是长条形，并有各种不同的颜色。所不同的是，它要比菊花大2倍至3倍。

那么，报雨花为什么能预报天气呢？这是因为报雨花的花瓣对湿度很敏感。下雨前夕，空气湿度会增加，当空气湿度增加到一定程度时，花瓣就会萎缩，把花蕊紧紧地包起来，这将预示着不久天就会下雨。而当空气中湿度减少时，花瓣就会慢慢展开，这就预示着晴天。当地居民出门前，总要看一看报雨花，以便知

道天气的情况，因此人们亲切地称它为"天气预报员"。

我国劳动人民从小毛桃桃花的颜色变化中，可预知雨量的多少。因为在不同的年份，桃花的色泽不同，当桃树开紫红色花时，就预示着当年的雨量偏少。而当桃树开粉红色花时，就预示着当年雨水偏多。

草中的天气预报员

多年生植物茅草和结缕草，也能够预测天气。当茅草的叶和茎交界处冒水沫时，或结缕草在叶茎交叉处出现霉毛团时，就预示着阴雨天将要到来。因此，有"茅草叶柄吐沫，明天冒雨干活"和"结缕草长霉，将阴天下雨。"的谚语。

在湖塘水面上生长的菱角，也能预报晴天和雨天。农谚说："菱角盘沉水，天将有风雨。" 这是因为阴雨天来临前，气温升高，气压降低，湖塘底部的沉积物发酵，生成的沼气逸出，水面不断地冒出水泡，水底的污泥和杂物泛起，粘在菱角的叶片

上，使菱角盘的重量增加而下沉。

树中的天气预报员

在安徽省和县高关乡大滕村旁，有一棵榆树。令人称奇的是这是一棵能够预报当年旱涝的"气象树"。

人们根据这棵树发芽的早晚和树叶的疏密，就可以推断出当年雨水的多少。这棵树如果在谷雨前发芽，长得芽多叶茂，就预兆当年雨水比较多，水位会涨高，往往有涝灾。如果它跟别的树一样，按时节发芽，树叶长得有疏有密，当年就是风调雨顺的好年景。要是它推迟发芽，叶子长得又比较少，就预兆当年雨水少，旱情非常严重。

几十年来的观察资料证明，它对当年旱涝的预报是相当准确的。科学家们经过初步调查认为，可能是这棵树对生态环境反应特别敏感，才起了这种奇特的作用。

青冈树为何能预测晴雨呢

在我国广西忻城县龙顶村有一棵100多年树龄的青冈树，它的叶片颜色随着天气变化而变化。晴天时，树叶呈深绿色。天气久旱将要下雨前，树叶变为红色；雨

后天气转晴时，树叶又恢复了原来的深绿色。所以人们称它为气象树。

　　由于这棵青冈树，在长期适应生存环境过程中，对气候变化非常敏感。在干旱即将下雨前，常有一阵闷热强光天气，这时树叶中叶绿素的合成受到了抑制，而花青素的合成却加速了，并在叶片中占了优势，因而叶片由绿变红。当雨过干旱和强光解除后，花青素的合成又受到抑制，而加速了叶绿素的合成，这样叶绿素又占据了优势，所以叶片又恢复了原来的深绿色。

　　科学家发现农作物能预示晴雨，如南瓜。在早晨，南瓜的藤头都向下翘时，预示天要下雨。而在阴雨天，藤头大多数都向上翘，预示晴天要来临，这是因为南瓜藤具有向阳性和向阴性的本能。

在线小知识

能探矿的植物

有去无回的谷

在美洲一个神秘的山谷，那里土壤肥沃，风和日丽，但到那里居住的人，都很难逃脱死亡的命运，因此当地的印第安人称它为"有去无回谷"。

后来，欧洲移民来到那里，耕耘播种，种出了庄稼，获得了丰收。可是好景不长，一种莫名其妙的怪病使他们惊恐不安。患了这种病的人，眼睛慢慢失明，毛发逐渐脱落，最后体衰力竭而死亡。这个山谷又荒芜了。

直至第二次世界大战结束后，地质人员到那里探矿，才揭开了其中之谜。原来，那里地层和土壤中含有大量的硒，同时又缺少硫，植物为了能正常生长，就拼命地从土壤中吸收性质与硫相近的硒，以补充硫的不足。硒有毒，庄稼中富集了大量的硒，人们吃了之后就会患这种怪病而死亡。

地质学家弄清了"有去无回谷"的真相后，受到了很大的启发，并发现植物可以帮助人们找矿。

在我国和朝鲜的边界地区，生长着一种铁桦树。它木质坚硬，甚至连铁钉都很难钉进去，这是由于它吸进了大量硅元素的缘故。因此，在铁桦树生长茂盛的地方，就有可能找到硅矿。

能预测矿种的植物

在我国的长江沿岸生长着一种叫海州香薷的多年生草本植

物，茎方形，多分枝，花呈蓝色或蔚蓝色。

科学家研究证明，它的花的颜色是铜给染上去的。海州香薷很喜欢吸收铜元素，当吸收到体内的铜离子形成铜的化合物时，便将花染成蓝色。所以，凡是这种草丛生的地方，就有可能找到铜矿。1952年我国地质工作者从海州时薷大量生长的地方发现了大铜矿，因此香薷又有了"铜草"的美名。

在乌拉尔山区，地质学家以一种开蓝花的野玫瑰为向导，发现了一个很大的铜矿。有人还根据一种叫灰毛紫穗槐的豆科植物，找到了铅矿，根据堇菜找到了锌矿。

此外，地质工作者还发现，在大量生长七瓣莲的地方，可能找到锡矿；在密集生长长针茅或锦葵的地方，可能找到镍矿；在茂盛生长喇叭花的地方，可能找到铀矿；在开满铃形花的地方，可能找到磷灰矿；在忍冬丛生的地方，可能找到银矿；在问荆、

凤眼兰生长旺盛的地方，地下往往藏有金矿；在羽扇豆生长的地方可能找到锰矿；在红三叶草生长的地方，可能找到稀有金属钽矿。

有趣的是一些生长畸形的植物，也往往是人们找矿的好向导。有一种猪毛草的植物，当它生长在富含硼矿的土壤中时，枝叶变得扭曲而膨大；青蒿生长在一般土壤中时，植株高大，而生长在富含硼的土壤中时，就会变成"小矮老头"。根据它们的这种畸形姿态，便可能找到硼矿。有的树木会患一种巨枝症，枝条长得比树干还长，而叶片却变得很小，这种畸形的树可指示人们

找到石油。

　　根据植物花的颜色变化，人们也可以找到相应的矿藏。比如，铜可以使植物的花朵呈现蓝色；锰可以使植物的花朵呈现红色；铀可使紫云英的花朵变为浅红色；锌可以使三色堇的花朵蓝黄白三色变得更加鲜艳；而锰又可使植物的花朵失去色泽等等。科学家把这些能够报矿的植物称为"指示植物"。

　　"指示植物"生长在土壤深处的真菌能分解矿物，使金属原子溶于地下水中，而植物根能把水中的金属原子吸收，然后输送到茎秆和花叶里，此种金属原子对花草树木高矮和花瓣的颜色会

产生影响。

因此，花草树木的高矮、叶子里含有的金属原子以及花瓣的颜色，能为人们提供报矿信息。

由于植物具有将土壤中或水中的矿质元素浓集到体内的奇特本领，所以它们不仅可帮助人们找矿，而且还是采矿能手。

能提取矿的植物

在地球上，有些矿物质比较分散，有的矿藏含量很低，提炼起来比较困难，开采需要付出很大代价，于是人们就用一些植物来帮助开采。例如，地质学家在揭示了有去无回谷的奥秘之后，就在那里种上许多紫云英。紫云英从土壤中吸收大量硒，积存在体内，然后人们把它割下来，晒干、烧成灰烬，再从灰中提取硒，每公顷紫云英可得到2000克的硒。

在巴西的缅巴纳山区，生长着许多暗红色的小草，这种草嗜铁如命，在体内富集了大量的铁元素，它的含铁量甚至比相同重量的铁矿石还高，因此人们称它为铁草。把这种草收割起来，经提炼后即可得到高质量的铁。

无独有偶，有一种锌草喜欢生长在含锌丰富的土壤中，它的根系从土壤中吸收锌，贮存在体内。用锌草来提炼锌，从燃烧后的每千克锌草的灰烬中可得到294克锌。

黄金是贵重的金属，将玉米种植在含有金矿的地方，便可以从玉米植株中提取金子，目前捷克科学家从1000克玉米灰里获得了10克金子。

后来，日本地质学家发现马鞭草科的一种叫数紫的落叶灌

木，对金元素具有极强的吸收能力，所以从这种植物体中也可以提炼得到金子。

钽是一种稀有金属，提炼很困难，价格昂贵。紫苜蓿具有富集钽的本领，人们将它种植在含有钽的土壤中，从大约0.4平方千米土地上种植的紫苜蓿中可提炼出200克的钽。

另有一种亚麻植物，对铅元素具有较强的吸收能力，从它燃烧后的灰里，氧化铅含量可高达52%，简直成了植物矿石。

人们还可以利用水生植物从水中采矿或回收废水中的贵重金属。如生长在大海里的海带，能从海水中富集大量的碘元素，因此人们就把它作为向大海要碘的好帮手。

又如，水凤莲能从废水中吸收金、银、汞、铅等重金属。据测定，一亩水浮莲每4天就可从废水中获取75克的汞。

正是因为植物具有富集一些矿物质元素的本质。所以人们可

以有目的地筛选和培育出适当的植物，来帮助人类采矿。

植物探矿的奥秘

人们通过寻找"锌草"而发现了锌矿，通过海州香薷而发现了铜矿，通过某地区的向日葵冷杉等植物发现了一座金矿。那么，植物为什么能够指引人们探矿呢？

道理并不复杂。植物在生长发育过程中，必须从土壤中吸收各种矿物质。土壤中某种矿物质过多必然会影响到植物的生活。

比如，开红花的野玫瑰如果吸收了大量的铜，就会开出蔚蓝色的花，这一异常变化就会提醒人们在当地可以寻找铜矿。有些植物甚至还能替人们采矿呢！有一种植物叫红车轴草，又名红花苜蓿，它是一种很好的牧草，也可当做绿肥。它有一个特殊的本领，能吸收土壤中的稀有金属——钽。这种金属是机械工业和电

子工业中不可缺少的物质，但天然的钽在地壳里不但很少，还很分散，很难采集。

　　科学家曾想从红车轴草叶子中提取钽，由于耗费太大，不便推广。后来，又有人发现红车轴草的花中含有大量的钽。于是培养了一种蜂，专门吃这种花的花蜜，然后再从蜂蜜中提取钽，700千克蜂蜜中可提取200克钽，而且蜂蜜的质量并不降低，仍可供人类食用。真是钽、蜜双丰收，一举两得。

在
线
小
知
识

　　赞比亚有一种奇花叫铜花，枝干挺拔，叶片对生，开蓝色的花朵。凡是铜花生长非常多的地方，就可能有优质的铜矿存在。有一家铜矿公司的地质学家，在铜花的指引下，曾找到了一个富铜矿。

能预测环境的植物

神奇的指示植物

姹紫嫣红，满园鲜花；青松、翠竹，绿海无涯。在植物这个奇妙的王国里，还有些植物具有神奇的指示作用。如果你留意的话，就会发现一个有趣的现象：牵牛花的颜色早晨为蓝色，而到下午却变成了红色。这是为什么呢？

原来，牵牛花中含有花青素，这种色素具有魔术师般的本领，当遇碱性时为蓝色，而遇酸性时又变为红色。

随着一天从早晨至晚上空气中二氧化碳浓度的增加，牵牛花对它的吸收量也逐渐增加，花朵中的酸性也不断提高，从而造成牵牛花的颜色由蓝变红。由此可见，牵牛花对空气中的二氧化碳的含量具有指示作用，所以称这类植物为指示植物。

有一种叫紫鸭跖草的植物，它的花为蓝色，但受到低强度的辐射后，花色即由蓝变为粉红色，所以紫鸭跖草是测量辐射强度的指示植物。

监测环境污染的植物

利用指示植物还可以监测环境污染的情况。比如，在绿化树种中，树姿优美、常年碧绿的雪松，对二氧化硫和氟化氢很敏感，若空气中有这两种气体存在时，它的针叶就会出现发黄变枯现象。因此，当见到雪松针叶枯黄时，在其周围地区往往可以找到排放二氧化硫和氟化氢的污染源。

科学家研究发现，高大的乔木、低矮的灌木和众多的花草，以及苔藓、地衣等一些低等植物，都可以作为监测环境污染的指示植物。它们是忠实可靠的"监测员"和"报警器"，在空间的不同层次组成了庞大的监测网。这些植物是：紫花苜蓿、雪松、日本落叶松、核桃、向日葵、灰菜、胡萝卜、菠菜、芝麻、栀子花等，可监测二氧化硫。

郁金香、落叶杜鹃、大叶黄杨、桃、杏、唐菖蒲等，可监测氟化氢。海棠、苹果、山桃、毛樱桃、小叶黄杨、油松、连翘、玉米、洋葱等可监测氟化氢。

女贞、樟树、丁香、牡丹、紫玉兰、垂柳、葡萄、苜蓿等可监测臭氧。向日葵、杜鹃、石榴等可监测氧化氮。矮牵牛、烟草、早熟禾等可监测光化学烟雾。此外，落叶松可监

测氯化氢；柳树、女贞可监测汞；紫鸭跖草可监测放射性物质。

指示植物能监测环境污染的奥秘

那么，指示植物为何能监测环境污染呢？因为不同植物在生理上存在着特异性，故对不同的污染物质，表现出的反应和敏感性也不一样，受害后出现的症状各异。当大气受到二氧化硫、氟化氢、氯气等污染时，这些有害气体可以通过叶片上的气孔进入植物体内，受害的部位首先是叶片，叶片会出现各种伤斑，不同的有害气体所引起的伤斑也不一样。

二氧化硫进入植物体内，伤斑往往出现在叶脉间，呈点状和块状，颜色变成白色或浅褐色。氯能很快地破坏叶绿素，使叶片产生褪色伤斑，严重时甚至全叶漂白脱落。光化学烟雾含有各种氧化能力极强的物质，可使叶片背面变成银白色、棕色、古铜色或玻璃状，叶片正面出现一道横贯全叶的坏死带，严重时整片叶

子变色，很少发生点状和块状伤斑。二氧化氮，使叶脉间和近叶缘处，出现不规则的白色或棕色解体伤斑。臭氧往往使叶片表面出现黄褐色或棕褐色斑点。氟引起的伤斑大多集中在叶尖和叶的边缘，呈环状和带状。指示植物不仅能告诉人们大气受到哪种有害气体的污染，同时还能粗略地反映出污染程度的大小。所以人们称赞这些植物是保护环境的"监测员"。根据监测结果，即可采取有效治理措施。

指示植物监测环境污染的优点

1.比使用仪器成本低，方法简单，使用方便，预报及时，适于开展群众性监测活动，既可监测污染，又美化了环境。

2.对污染很敏感，在人还未感觉到，甚至连仪器还测试不出来的时候，一些植物却出现了明显的受害症状后，或花朵变色、或叶呈斑点。

3.植物不仅能监测现时的污染，而且还能指示过去的污染情况。比如，根据一些树木年生长量的变化，尤其是从树干的年轮来测定，估测过去30年中大气污染的程度，结果相当准确。而这些用一般仪器是测不出来的。

在植物界中唐菖蒲对氟化氢反应十分敏感，当氟化氢浓度超过环境标准15倍时，24小时后便出现症状，叶尖和叶缘出现褪色，渐渐枯黄，再变成褐色。因此，它是监测氟化氢污染的指示花卉。

在线小知识

发弹和产油植物

会发炮弹的喷瓜

喷瓜是葫芦科喷瓜属植物。它是一种著名的会发射"炮弹"的植物，原产地中海地区，在我国有栽培。喷瓜的果实为圆柱形，长0.04米至0.06米，果实外皮有粗糙毛。喷瓜的果实成熟后，生长着种子的多浆质的组织变成黏性液体，挤满果实内部，强烈地膨压着果皮。这时果实如果受到触动，就会"砰"的一声破裂，好像一个鼓足了气的皮球被刺破后的情景一样。喷瓜的这股气很猛，可把种子及黏液喷射出10多米远。因为它力气大得像放炮，所以人们又叫它铁炮瓜。

更有趣的是凡是垂地的果实，其果柄都是倾斜向上，与地面成40度至60度夹角，可将种子喷射出数米甚至12米以外的地方，使数十枚种子遍撒在30平方米左右的面积上。不过，我们应当注意的是喷瓜的黏液有毒，不能让它滴到眼中。

含羞草的炸药包

含羞草是豆科含羞草属植物，是人们所熟悉的观赏植物，也是一种药用植物。秋季开淡紫红色的花，组成圆头状花序，在开花之后，能形成几个两三厘米长的果荚。等种子成熟时，就变成一包"炸药"。这时，只要有昆虫轻轻地碰一下荚壁，果荚里面

蜷曲得像钟表发条似的分荚片，会把种子弹射出好几米远。豆科植物的许多种类都有在种子成熟时能炸裂的特性，例如大豆、绿豆、赤豆等。这些植物当种子即将成熟时要及时收获，否则就会造成经济损失。

世界的石油危机

地球上贮藏的煤炭和石油资源很有限。据科学家估计，按照目前的消耗速度，整个地球上的煤用不到200年，石油用不到100年。这是十分令人担忧的。因此，科学家们想到：可不可以从植物身上榨出石油呢？

近些年，美国加利福尼亚大学的梅尔温·卡尔文教授对植物是否能产石油这一问题做了深入的研究，并予以肯定的回答。卡尔文曾从世界各地收集了3000多种含碳氢化合物的植物标本，并对2000多种植物进行了栽培和制取石油的试验。结果发现，大戟科的许多植物所产生的一种乳状汁液中，竟含有 30%至40%类似石油的碳氢化合物。这些化合物稍经处理就可以作为石油的代

用品。

能长石油的树

更令人惊奇的是，1978年卡尔文在巴西热带丛林中意外地发现了一种能长石油的树，这就是香胶树。这种树属于苏木科，为常绿乔木。其树干里含有大量的树液，这是一种富含倍半萜的柴油。这种树液可不用提炼直接当柴油用。人们只要在香胶树上打个洞，在洞口插进一根管子，油液便会排出。

一棵直径1米、高30米的香胶树，两个小时便可收得10升至20升的树液。而取树液后用塞子将洞口塞住，6个月后还可以再次采油。据估计，一公顷土地种上90棵香胶树，可年产石油225桶。目前，巴西、美国、日本、菲律宾等国已开始种植这种柴油树。我国的林学家在我国海南省尖峰岭林区，也发现一种会产柴油的树，这就是油楠。它也属苏木科，为常绿大乔木。其树心含油状树液，可燃性同柴油相似，当地居民常用它替代煤油来照明。科学家曾对树液化学成分进行测定分析，其结果表明，树液中含依兰烯、丁香烯等11种化合物。一棵油楠树通常可产油几千克，最高可达几十千克。科学家相信，将来人类将大规模地通过

种植石油树来获取石油。

再生能源石油植物

随着能源消耗量的不断增加，有限的常规化能源煤、石油、天然气等日趋紧缺，然而，正当人们对能源的前景感到暗淡和忧虑的时候，科学家发现了新的再生能源，即石油植物。

所谓石油植物，指那些可以直接生产工业用燃料油，或经发酵加工可生产燃料油的植物的总称。例如，现已发现的大量可直接生产燃料油的植物，主要分布在大戟科，如绿玉树、三角戟、续随子等。这些石油植物能生产低分子量氢化合物，加工后可合成汽油或柴油的代用品。

据专家研究，有些树在进行光合作用时，会将碳氢化合物储存在体内，形成类似石油的烷烃类物质。如巴西的苦配巴树，树液只要稍做加工，便可当做柴油使用。如前所述，目前全世界植物生物质能源每年生长量相当600亿吨至800亿吨石油，为目前世界开采量的20倍至27倍，可见潜力之大。目前，英、美等一些工业发达国家用木材加工出石油已达到实用阶段。英国一家公司采用液化技术，用100千克木材生产了24千克石油，同时还生产出16千克沥青和15千克蒸气。美国俄勒冈州一家以木片为原料的工厂，100千克木片可制取30千克石油。

地球上的石油植物

人们还发现，地球上存在着不少的石油植物，它们所分泌出的液体，不需加工或稍经加工就可作为燃料使用。如澳大利亚有一种树，含油率高达4.2%，也就是说，一吨这种树可获取

优质燃料5桶之多。在菲律宾和马来西亚，有一种被誉为石油树的银合欢树，这种树分泌的乳液中含石油量很高。

经专家测试，某些芳草也含有石油。美国加利福尼亚州生产一种粗生分布广泛的杂草，由于黄鼠等啮齿动物很害怕它的气味，故取名黄鼠草。黄鼠草可以提炼石油，大约1万平方米草原生长的这样的野草可提取石油1000千克。若经人工杂交种植，1万平方米草原生长的这种草可提炼石油6000千克。目前，美国学者已发现了30多种富含油的野草，如乳草、蒲公英等。此外，科学家还发现300多种灌木、400多种花卉都含有一定比例的石油。

目前，世界上许多国家都开始石油植物及其栽种的研究，并通过引种栽培，建立起新的能源基地石油植物园、能源农场，专家预计在21世纪石油植物将成为人类能源的宝库。

建立能源农场的设想

关于建立能源农场的设想，却是在一种特殊情况下提出来的，它对于人类在21世纪启用植物石油能源有着深远的意义。1973年，石油输出国组织成员国临时停止向美国出口石油，因此，美国教授卡尔文想出了建立能源农场这个主意，到现在已经20多年了，这个设想已在不少国家开始试验。

当时，这位科学家知道，某些植物如橡胶树，能把碳化物变成碳氢化合物胶汁。他想既然橡胶树能产生胶汁，那么其他能进行光合作用的植物也能合成类似石油的物质。要得出这样的结论，他首先放弃了一些原有的习惯想法。

卡尔文教授是一位化学家，1961年，他因为一本关于光合作

用的著作而获得了诺贝尔奖金。现在他是能源农场的最热心的支持者之一，他跑遍全球去寻找那种具有合成燃烧能力的植物。

　　卡尔文在加利福尼亚州找到了另一种虽不像香胶树那样令人吃惊，但分布非常普遍的植物，农场主们把它叫做黄鼠树。卡尔文教授的实验证明，人工制造石油并不需要几百万年的时间，而是21世纪就可成功的事情，那么，剩下的一个问题是：能源农场的设想在工艺上是否行得通？在经济上是否划算？

在线小知识

　　在南美洲有一种叫沙箱树的植物，它的果实在成熟后会像炸弹爆炸一样发出巨响，种子向四方飞射出来。如果人们遇上它爆炸，未及防备，极易受伤。

树林的神奇作用

能降噪声的树林

在现代化大城市中生活的人们，每天被各种各样的音响烦扰着。汽车、摩托车的发动机声音和刹车声，工厂里机器的轰鸣声，以及人声，流行音乐的乐声和其他各种声响。这些现代社会的混合音响组成了对人的情绪和健康有很大危害的噪声。

噪声会使人觉得心情烦躁不安、头痛头晕，产生失眠、心跳加快、血压上升等病症，甚至还会诱发精神疾病。可见噪声真是人类的一大公害。所以，生活在大城市里的人十分希望能在节假日时到公园里去走走。当我们在茂密的树林里悠闲地散步时，人会感到十分宁静，心情舒畅、愉悦。这主要是因为在树林里没有噪声，给人们提供了一个幽静的环境。

为什么树林里没有噪声

树木的枝干和浓密的树叶能吸收声波，而且还能不定向地反射声波。因此，当噪声进入树林里后，一部分被吸收了，另一部分又被反射了，于是噪声大大地减弱。

据统计资料表明，绿化的街道比没有绿化的街道噪声要低10分贝至15分贝。一般的居民住宅区夜间噪声应低于40分贝，白天应低于50分贝。如果声音超过了60分贝，就会干扰人的正常工作和生活。80分贝的噪声会使人感到疲倦和烦恼。

因此，住宅区和街道的绿化能减低噪声，对人们的心理和生

理健康大有好处。实验结果说明，10米宽的林道能减弱30%的噪声，20米、30米、40米宽的林带分别能减弱40%、50%和60%的噪声。因此，在噪声多的地区，更应该植树造林，绿化不仅可以美化环境、净化空气、调节气温、湿度，还可以降低噪声，它的好处可真不少。

能治疗疾病的绿色森林

有病到医院里去求医治疗，这是人们所皆知的事实。可是是否知道绿色的森林也能治疗某些疾病？这就是目前比较盛行的一种绿色疗法。那是因为森林中的绿色植物在进行光合作用时，能吸收二氧化碳，放出氧气，满足人类的需要，使大气中的碳氧循环保持平衡，而且还能吸收环境中的有毒气体，杀死空气中的细菌，有利于人类的健康。

绿色医院的秘密

据科学家测定：1万平方米的树木每天可吸收一吨的二氧化碳，放出730千克的氧气。如果有10平方米的树，就可以把一个人呼出的二氧化碳全部吸收掉。树木还可以吸收有毒气体，每1

万平方米的垂柳在生长季节，每天可吸收1万克二氧化硫；1万平方米刺槐，每天可吸收氯气4万克。

加拿大杨、桂香柳等树还能吸收醛、酮、醇、醚和致癌物质安息毗琳等毒气；松树、榆树、桧柏等树木能分泌出一种挥发性的植物杀菌素，可以杀死空气中的细菌。据研究发现，1万平方米松柏林，一天能分泌出6万克杀菌素，故有"天然防疫站"之称。

另外，科学家还发现，绿色森林会产生一种对人体极有益的带电负离子。负离子具有调节神经系统和改进血液循环的功能，可以镇咳、止痉、镇痛、镇静和利尿，所以人们把它誉为空气中的"维生素"。

森林中的树木分泌出的一种植物杀菌素，可以杀死结核、伤

寒、痢疾、霍乱、白喉等病菌，所以，森林可以作为治疗结核病和肺气肿病的"医院"。病人在这里只要每天清晨和傍晚到林中呼吸一小时至两小时带有杀菌素的空气，就可以起到治疗的作用，坚持数月，病情会大有好转以至痊愈。这种绿色医院具有不需要设备，成本低，疗效好，没有不良反应等优点，很受人们的欢迎。

在线小知识

在绿色医院里，如果有烧伤病人在做过手术后到林区里呼吸负离子空气，可以加速伤口的愈合。患有气喘病、高血压、神经性皮炎等疾病的人，到林区里疗养，可以收到比吃药还好的效果。

植物的奥秘

　　自然界的植物种类成千上万，人类认识和了解的植物还只是其中很少的一部分，植物界还有许多奥秘等着我们去探索，去研究。

植物界的地盘争夺战

动物为了维持自己的生存，本能地会与同类或不同类动物争夺地盘，这种弱肉强食的现象已是众所周知的事实。

在俄罗斯的基洛夫州生长着两种云杉，一种是挺拔高大，喜欢温暖的欧洲云杉；另一种是个头稍矮，耐寒力较强的西伯利亚云杉。它们都属于松树云杉属，应该称得上是亲密的"兄弟俩"，但是在它们之间也进行着旷日持久的地盘争夺战。

人们在古植物学研究中发现，几千年前这里大面积生长着的是西伯利亚云杉。经过数千年的激烈竞争，欧洲云杉已从当年的微弱少数变成了数量庞大的统治者，而西伯利亚云杉却被逼得向寒冷的乌拉尔山方向节节后退。学者们认为是自然环境因素帮助欧洲云杉赢得了这

场"战争"，因为逐渐变暖的北半球气候更加适于欧洲云杉的生长。

植物之间的相生相克

可是仅仅用自然环境因素来解释植物对地盘的争夺，对另外一些植物来说似乎并不合适。因为许多植物的盛衰似乎只取决于竞争对手的强弱，而与自然环境无关。比如在同一地区，蓖麻和小荠菜都长得很好，可是

若将它们种在一起，蓖麻就像生了病一样下面的叶子全部枯萎。

而葡萄和卷心菜也是绝不肯和睦相处的一对。尽管葡萄爬得高，也无法摆脱卷心菜对它的伤害。

把蛮横霸道发展到极点的是山艾树。这是生长在美国西南部干燥平原上的一种树，在它们生长的地盘内，竟不允许有任何外来植物落脚，即便是一棵杂草也不行。美国佐治亚州立大学的研究者们为了证实这一点，不止一次地在它们中间种植一些其他植物，结果这些植物没有一棵能逃脱死亡的结局。

经分析研究发现，山艾树能分泌一种化学物质，而这种化学物质可能就是它保护自己领地，置其他植物于死地的秘密武器。

土长植物与外来植物的战争

最令科学家们不解和吃惊的，是土生土长植物与外来植物之间的地盘争夺战。为了美化环境，美国曾从国外大量引进外来植物，没想到若干年后，这些外来植物竟反客为主。比如原产于南美洲的鳄草，从19世纪80年代引进以来，至今在佛罗里达已统治了全州所有的运河、湖泊和水塘。

过去长满径草的西棕榈海滩，现在已经成了澳大利亚树的一统天下，土生土长的径草反而变得凤毛麟角，难得一见了。澳大利亚胡椒也成了佛罗里达州南部的植物霸主。还多亏了有人类干预，否则，这些外来植物会把本地植物杀得片甲不留。

说这些外来植物的耀武扬威是自然因素造成的，似乎没有道理。因为从理论上说，土生土长的植物应该比外来者具有更强的适应当地环境的能力。

如果外来植物是靠分泌化学物质来驱赶当地植物的，那么为什么当地植物在自己的地盘上却反而显示不出这种优势呢？这还有待于科学家的进一步研究发现。

植物中的共生效应

到过森林里的人就会知道，那里浓荫蔽日，因为树木都相距不远。如果是在杉树林，它们就更是相互紧挨着，全都缩手缩脚地笔直站在那里。它们挤在一起不是为了暖和，而是为了大家都能快快活活地成长，这叫做共生效应。共生效应的结果是共同繁荣，对大家都有好处。

同种的植物可以有共生效应，不同种的植物也有共生效应。生物学所说的共生含义，主要是指不同种的两个个体在生活中彼此相互依赖的现象。例如，有一种植物名叫地衣，可它并不是单一的植物，而是由藻类和真菌共同组成的复合体。藻类进行光合作用制造有机养料，菌类则从中吸收水分和无机盐，并为藻类进行光合作用时提供原料，同时使藻类保持一定的湿度。

植物之间的斗争

不过，正如达尔文所说的，大自然在表面看来，似乎和谐而喜悦，实际上却到处都在发生搏斗。实际情况也确实如此，大鱼吃小鱼，弱肉强食的现象无处不在。植物为了自身的生存，它们之间的斗争也是非常激烈的。如果说亲善是植物之间相互生存手段的话，那么，斗争就是植物最常使用的求生办法了。

下小雨的时候，从紫云英的叶面流下水滴，然而流下的已不是天上的雨水，紫云英叶上的大量的硒被溶进了水滴里，周围的植物接触到有硒的水滴，就被毒害而死。这是紫云英为独占地盘而惯用的手法。有一种名叫铃兰的花卉，若同丁香花放在一起，丁香花就会因经不住铃兰的毒气进攻而很快凋谢。要是玫瑰花与木樨草相遇，玫瑰花便拼命排斥木樨草。木樨草则在凋谢前后放出一种特殊的化学物质，使玫瑰花凋谢，结果是同归于尽。　既然植物间有亲善和斗争，我们不妨利用这一点，以达到趋利避害的目的。例如，棉花的害虫棉蚜虫害怕大蒜的气味，将棉花与大蒜间作，可使棉花增产。棉田里配种小麦、绿豆等作物，也有防治虫害，

促进棉花增产的作用。

　　甘蓝易得根腐病，要是让甘蓝与韭菜做邻居，那甘蓝的根腐病就会大大减轻，要是葡萄园里种甘蓝，葡萄就会遭殃了。如果甘蓝卷心菜与芹菜同长在一起，由于它们有相克作用，则会两败俱伤的。同样的道理，让苹果与樱桃一起生长，可以共生共荣，若在苹果园里种燕麦或苜蓿，对两方都不会有利。

　　　　人们发现，农作物之间也有互不相容的情况：芹菜与甘蓝种在一块，两者都生长得不好，严重还会"同归于尽"；苦苣菜种得多了，在它身边的植物就要倒霉，似乎总受到它的欺负，老长不好。

在线小知识

植物防御武器秘密

植物的自我保护

我们到野外旅游的时候，总有一种感受，就是在进入灌木丛或草地时，要注意别让植物的刺扎了。北方山区酸枣树长的刺就挺厉害。酸枣树长刺是为了保护自己，免遭动物的侵害，其他植物长刺也是出于这样的原因。

仙人掌或仙人球，它们的老家本来在沙漠里，由于那里干旱少雨，它的叶子退化了，身体里贮存了很多水分，外面长了许多硬刺。如果没有这些刺，沙漠里的动物为了解渴，就会毫无顾忌地把仙人掌吃了。有了这些刺，动物们不敢碰它们了。

田野里的庄稼也是一样的，稻谷成熟的时候，它的芒刺就会变得更加坚硬、锋利，使麻雀闻到稻香也不敢轻易地啄它一口，连满身披甲的甲虫也望而生畏。植物的刺长得最繁密的地方往往是身体最幼嫩的部分，它长在昆虫大量繁殖之前，以抵御它们对自己的伤害。

先进的自我保护武器

植物界蝎子草的武器很先进，它是一种荨麻科植物，生长在

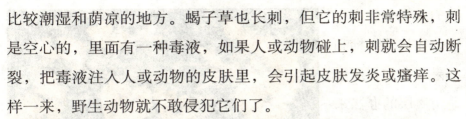

比较潮湿和荫凉的地方。蝎子草也长刺，但它的刺非常特殊，刺是空心的，里面有一种毒液，如果人或动物碰上，刺就会自动断裂，把毒液注入人或动物的皮肤里，会引起皮肤发炎或瘙痒。这样一来，野生动物就不敢侵犯它们了。

植物体内的有毒物质是植物世界最厉害的防御武器。龙舌兰就是植物含有一种类固醇的植物，动物吃了以后，会使它的红细胞破裂，死于非命。夹竹桃含有一种肌肉松弛剂，别说昆虫和鸟吃了它，就是人畜吃了也性命难保。毒芹是一种伞形科植物，它的种子里含有生物碱，动物吃了在几小时以内就会暴死。另外，乌头的嫩叶、藜芦的嫩叶也有很大的毒性，如果牛羊吃了也会中毒而死，有趣的是牛羊见了它们就会躲得远远的。巴豆的全身都有毒，种子含有的巴豆素毒性更大，吃了以后会引起呕吐、拉肚子，甚至休克。有一种叫红杉的土豆，含有毒素，叶蝉咬上一口就会丧命。有的植物虽然也含有生物碱，但只是味道不好，尝过苦头的食草动物就不敢再吃它了。它们使用的是一种威力轻微的化学武器，是纯防御性质的。

为了抵御病菌、昆虫和鸟类的袭击，一些植物长出了各种奇妙的器官，就像

我们人类的装甲一样。比如西红柿和苹果，它们就用增厚角质层的办法来抵抗细菌的侵害。小麦的叶片表面长出一层蜡质，锈菌就危害不了它了。抗虫玉米的装甲更

先进，它的苞叶能紧紧裹住果穗，把害虫关在里面，叫它们互相残杀弱肉强食，或者把害虫赶到花丝，让它们服毒自尽。

植物的生物化学武器

有的植物还拥有更先进的生物化学武器。它们体内含有各种特殊的生化物质，像蜕皮激素、抗蜕皮激素、抗保幼激素、性外激素什么的。昆虫吃了以后，会引起发育异常，不该蜕皮的蜕了皮，该蜕皮的却蜕不了皮。有的则干脆失去了繁殖能力。20多年来，科学家曾对1300多种植物进行了研究，发现其中有200多种植物含有蜕皮激素。由此可见，植物世界早就知道使用生物武器了。

古代人打仗的时候，为了防止敌人进攻，就在城外挖一条护城河。有一种叫续断的植物，也知道使用这种防御办法。它的叶子是对生的，但叶基部分扩大相连，从外表上看，它的茎好像是从两片相接的叶子中穿出来的一样，在它两片叶子相接的地方形

成一条沟，等下雨的时候里面可以存一些水。这样一来，就成了一条护城河，如果害虫沿着茎爬上来偷袭就会被淹死，从而保护了上部的花和果。

军事强国正在研制的非致命武器中，有一种特殊的黏胶剂，把它洒在机场上，使敌人的飞机起飞不了；把它洒在铁路上，可以使敌人的火车寸步难行；把它洒在公路上，可以使敌人的坦克和各种军车开不起来，可以达到兵不血刃的效果。有一种叫霍麦的植物，也会使用这种先进武器。这种植物特别像石竹花，当你用手拔它的时候会感到黏糊糊的。原来在它的节间表面能分泌出一种黏液，就像涂上了胶水一样。它可以防止昆虫沿着茎爬上去危害霍麦上部的叶和花。当虫子爬到有黏液的地方，就会被黏得动弹不了，不少害虫还丧了命。

有趣的是在这场植物与动物的战争中，在植物拥有各种防御武器的同时，动物也相应地发展了自己的解毒能力，用来对付植物。像有些昆虫就能毫无顾忌地大吃一些有毒植物。当昆虫的抗毒能力增强了的时候，又会促使植物发展更大威力的化学武器。

在线小知识

据科学家称，在非洲的卡拉哈利沙漠地带，生长着一种带刺的南瓜，当它受到动物侵犯的时候，它的刺就会插进来犯者的身体，因此许多飞禽走兽见到它，就自动躲开了。

植物神经系统之谜

生性敏感的植物

澳大利亚的花柱草，雄蕊像一根手指伸在花的外边，当昆虫碰到它时，它能在0.01秒的时间内突然转动180度以上，使光顾的昆虫全身都沾满了花粉，成为它的义务传粉员。

捕蝇草的叶子平时是张着的，看上去与其他植物的叶子并无二致，可一旦昆虫飞临，它会在不到一秒钟的时间之内像两只手掌一样合拢，捉住昆虫美餐一顿。

众所周知，动物的种种动作都是由神经支配的，那么植物呢？难道植物也有神经吗？

植物的神经系统

早在19世纪，进化论的创始人达尔文就在研究食肉植物时发现，捕蝇草的捉虫动作并不是遇到昆虫就会发生。实际上，在它的叶片上，只有6根毛有传递信息的功能，也就是说昆虫只有触及到这6根"触发毛"中的一根或几根时，叶片才会突然关闭。植物信号以这样快的速度从叶毛传到捕

蝇草叶子内部的运动细胞，达尔文因此推测植物也许具备与动物相似的神经系统，因为只有动物神经中的脉冲才能达到这样的速度。

20世纪60年代后，这个问题再一次成为科学家们研究的重点课题。坚持植物有神经的是伦敦大学著名生理学教授桑德逊和加拿大卡林登大学学者雅克布森。他们在对捕蝇草的观察研究中，分别测到了这种植物叶片上的电脉冲和不规则电信号，因此便推断植物是有神经的。沙特阿拉伯生物学教授通过研究也认为植物有化学神经系统，因为在它们受伤害时会做出防御反应。

但是也有许多学者不同意这一观点，德国植物学家萨克斯就是其中之一。他认为植物体内电信号的传递速度太缓慢，一般为每秒0.02米，与高等动物的神经电信号传递速度每秒数米根本无法相比，而且从解剖学的角度来看，植物体内是根本不存在任何

神经组织的。

美国华盛顿大学的专门研究小组在研究捕蝇草时发现，反复刺激片上的触发毛捕蝇草不仅能发出电信号，同时也能从表面的消化腺中分泌少量的消化液。但仅仅据此，仍然无法确定植物体内一定具有神经组织。

所有植物都有应用电信号的能力，这已经被科学家们反复验证。但是，因为植物的电信号都是通过表皮或其他普通细胞以极其原始的方式传导的，它并无专门的传导组织。因此，相当多的学者认为，植物的电信号与动物的电信号虽然十分相似，但仍不能认为植物已经具备了神秘系统。植物到底有没有神经，还有待人们进一步去研究探讨。

会发出声音的植物

20世纪70年代，一位澳大利亚科学家发现了一个惊人的现象，那就是当植物遭到严重干旱时，会发出"咔嗒、咔嗒"的声音。后来通过进一步的测量发现，声音是由微小的输水管震动产生的。不过，当时科学家还无法解释，这声音是出于偶然，还是由于植物渴望喝水而有意发出的。

不久之后，一位英国科学家米切尔把微型话筒放在植物茎部，倾听它是否发出声音。经过长期测听，他虽然没有得到更多的证据来说明植物确实存在语言，但科学家对植物语言的研究，仍然热情不减。

对植物语言的研究

1980年，美国科学家金斯勒和他的同事，在一个干旱的峡谷

里装上遥感装置，用来监听植物生长时发出的电信号。结果他发现，当植物进行光合作用，将养分转换成生长的原料时就会发出一种信号。了解这种信号是很重要的，因为只要把这些信号译出来，人类就能对农作物生长的每个阶段了如指掌。

金斯勒的研究成果公布后，引起了许多科学家的兴趣。但他们同时又怀疑，这些电信号的植物语言，是否能真实而又完整地表达出植物各个生长阶段的情况，它是植物的语言吗？

1983年，美国的两位科学家宣称，能代表植物语言的也许不是声音或电信号，而是特殊的化学物质。因为他在研究受到害虫袭击的树木时发现，植物会在空中传播化学物质，对周围邻近的

树木传递警告信息。

　　英国科学家罗德和日本科学家岩尾宪三，为了能更彻底地了解植物发出声音的奥秘，特意设计出一台别具一格的植物活性翻译机。这种机器只要接上放大器和合成器，就能够直接听到植物的声音。罗德和岩尾宪三充满自信地预测说，这种奇妙机器的出现，不仅在将来可以做植物对环境污染的反应，以及对植物本身健康状况诊断，而且还有可能使人类进入与植物进行对话的阶段。

当然，这仅仅是一种美好的设想，目前还有许多科学家不承认有植物语言的存在，植物究竟有没有语言，看来只有等待今后的进一步研究才能得出答案。

在线小知识

科学家还发现，植物与动物一样也能被麻醉。例如巴比妥类的麻醉剂，却能起到阻止种子发芽和花粉管的生长，还能阻碍稻秧生长，使叶绿素减少，所以有些麻醉剂对植物是起破坏作用的。

植物情报传递之谜

能传递保护信息的树

许多动物能够以不同的方式向自己的同伴传递一些信息，以表达自己的意愿等，而植物王国里也有信息传送吗？如果有，它们又是靠什么来传递信息的呢？在美国华盛顿大学有两位科学家发现了这样一件怪事情：

在华盛顿州西特尔城附近的一片树林，柳树和桤木上，凡是经过一些毛虫等捕食性动物侵袭的树叶，就会发生营养质地的变化。那么这种营养质地的变化程度如何呢？

这正是两位研究者要知道的问题。因为他们已经获得了其他一些植物在昆虫侵袭之后的变化情况，例如藿香蓟，它的组织内含有使捕食性动物变态的化学物质，一旦介壳虫、蚜虫侵袭了它，这些虫类反而在化学物质的影响下变态，从而不能产卵。实验开始时两位研究者将几百条毛虫放在树上，然后观察这些树木

如何调节机制来抵御毛虫的袭击。不久，他们就发现树木有了反应，散发出属于生物碱或萜烯化合物一类的化学物质。这些化学物质散布在树叶间，很难被昆虫消化。就在这时，两位研究者意外地发现了另一奇怪的现象：大约在30米至40米远的另一片树林里，同样散发出了防御状态的化学物质，这是一片并没有放置毛虫的树林，而且又隔着一段距离，它们是怎样获得了注意危险的警告信号呢？美国的学者大为惊讶。他们觉得，肯定是那些受毛虫侵袭的树木把信息通知了那片本来宁静的树林，要它们加强预防。可是他们是怎样通知的？通过什么形式？而对方如何接收又怎样做出防御的反应呢？

难解之谜

这一发现，导致出一系列难解之谜，引出了新的困惑，动摇了传统的、固有的观念。人们对植物的能力有了进一步的认识：它们不是不会说话，而是用它们自己的方法来沟通、传递它们的信息。一些科学家认为现在还不是下结论的时候，更有说服力的解释有待于大量地实验之后才能作出。关于植物的超能力，已经

广泛地引起了世界上许多人的注意，有人通过自己或者别人的观察、研究，试图作一些解释，但是这些解释是不是很完整，很确切呢？

比如说，有人认为植物之所以具有感应月球和地磁的超能力，是因为植物拥有交流信息的天线装置，植物的刺或毛是一种导波管，类似天线的作用。由于有这些导波管，植物便可以感应可见光、红外线或微波光线，可以敏锐地感应化学物质、气味，还能接受压力、空气电离子、温度和湿度等，因而使得植物拥有了特殊的超能力，能与人类、星球或原始星云做信息交流。科学家们的观点、假设为人类探索自然之谜拓开了思路。从中我们可以看到地球植物所蕴藏着的奥秘和潜力是不容忽视的，那么等待着我们的又是什么呢？是更加艰难的探索。

能够自卫的树

非洲有很多保护良好野生动物乐园，长劲鹿和捻角羚羊可以

在公园范围内随意走来走去，可以到处挑选园内不同树木的叶子。而捻角羚羊则被圈养在围栏内，不得不限于吃生长在围栏内的树叶子。科学家还发现，长颈鹿仔细挑选它准备吃叶子的那棵树，通常从10棵枞树中选一棵。此外，它们还避开它们已经吃过的枞树后迎风方向的枞树。

专家研究了死羚羊胃里的东西，发现死因是它们吃进去的树叶里单宁含量非常高，这种毒物损害动物的内脏。在研究长颈鹿胃里的东西之后，他们发现长颈鹿吃入的食物品种较多，所吃入的枞树叶的单宁浓度只有6%左右，而捻角羚羊胃里的单宁浓度高达15%。为什么在同样一些枞树的叶子内，而在不同动物胃里，单宁浓度不同呢？经研究专家认为：枞树用分泌更多单宁的方法来保护自己以免遭到动物吞食。在研究中科学家们还发现：当枞树不止一次受到食草动物的侵袭时，枞树能向自己的同伴发出危险警报，让它们增加叶子里的单宁含量。收到这一信息的树木在几分钟内就采取防御措施，使枞树叶子里的单宁含量迅速猛增。

植物之间有传递情报行为，已被人们所公认，但它是如何传递的呢，它的同伴又是怎样接收到它的情报的呢？还需要专家们进一步研究才能得知。

科学家认为，植物虽无神经系统，但是对外界刺激同样有反应。当把植物组织的微小动作放大到几千倍后。查明七叶树的叶子、芜菁等，能以金属、动物肌肉同样的形式对压力做出反应。

在线小知识

植物发光的秘密

会发光的柳树

在江苏省丹徒县发生过这么一件事：有几棵生长在田边的柳树居然在夜间发出一种浅蓝色的光，而且刮风下雨，酷暑严寒都不受影响。

这是怎么回事呢？有人说这是神灵显现，有人说这些柳树是神树，一时间闹得沸沸扬扬。

科学家们得知这一消息后，对柳树进行了体检，并从它身上刮取一些物质进行培养，结果培养出了一种叫"假蜜环菌"的真菌。答案找到了。原来，会发光的不是柳树本身，而是假蜜环菌，因为这种真菌的菌丝体会发光，因此它又有"亮菌"的雅

号。假蜜环菌在江苏、浙江一带较多，它专找一些树桩安身，用白色菌丝体吮吸植物养料。白天由于阳光的缘故，人们看不见它发出的光，而在夜晚，就可以看见了。

能发光的杨树

1983年，在湖南省南县沙港乡，人们发现了一棵能发光的杨树。这棵树的直径有0.23米，4月7日被砍伐并剥掉树皮之后，竟然在晚上发起光来，就连树根和锯出的木屑也一样放光。一根1米长，0.05米粗的树枝，它的亮度就相当于一只5瓦的日光灯。但是，随着树内水分的蒸发，亮度就一天比一天减弱，但树枝受潮以后，亮度又会增加。杨树发光的原因，还没有查明。

在贵州省三都水族自治县的原始森林里，又新发现了5棵罕见的夜光树。在没有月亮的夜晚，当地人会看到这样一幅奇景：在一棵大树的枝杈上，有成百上千个6厘米左右大的月牙儿正在放着荧光。当微风吹过的时候，千百个小月牙儿轻轻地摇啊摇的更是好看。原来这些小月牙就是夜光树上会发光的叶子。

揭秘发光的真相

其实，不但真菌会发光，其他菌类也会发光。据说，在1900

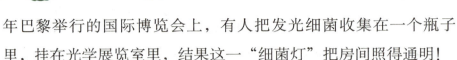

年巴黎举行的国际博览会上，有人把发光细菌收集在一个瓶子里，挂在光学展览室里，结果这一"细菌灯"把房间照得通明！

菌类为什么会发光呢？原来，在它们体内有一种特殊的发光物质叫荧光素。荧光素在体内生命活动的过程中被氧化，同时以光的形式放出能量。这种光利用能量的效率比较高，有95%的能量转变成光，因此光色柔和，被称为冷光。

江西省井冈山地区有一种常绿阔叶树，叶子里含有磷，这种磷释放出来以后会和空气中的氧气结合成为磷火，磷火能放出一种没有热度，也不能燃烧，但有光亮的冷光。白天看不见，但在晴朗无风的夜晚，这些冷光聚拢起来，仿佛悬挂在山间的一盏盏灯笼，当地人叫它"鬼树"。

古巴有一种美丽的发光植物，每当黄昏时花朵才开始绽放。这种花的花蕊中聚集了大量的磷，微风吹过，花蕊便星星点点地闪烁出明亮的异彩，仿佛无数萤火虫在花蕊间翩翩起舞。有意思的是，一旦黑夜逝去，这种花就像完成了使命，很快就凋谢了。

非洲冈比亚南斯明草原上有一种名叫"路灯草"的植物，可以说是发光植物中的佼佼者。别看它小，它所发出的光亮，甚至可以与路灯相媲美。路灯草的叶片表面有着一层像银霜一样的晶珠，富含磷。每当夜幕降临，这种草便闪闪发光，把周围的一切照得十分清晰，当地居民把这种小草移到家门口充当"路灯"。

夜皇后的花朵内也聚集了大量的磷，一旦与空气接触就会发光。夜间活动的昆虫见到亮光，就会被吸引前去帮助植株传播花粉。夜皇后的花朵放光，实际上是一种适应环境的特殊本领。

发热的植物

在冰天雪地的北极，几乎终年严寒酷冷，即使那里的夏季，气温也常常在摄氏零度以下，然而生长在那里的植物却能在冰雪中开花结实。科学家惊奇地发现，这些植物的花朵温度总是要比外界高一些。

那么，这些植物的花朵为什么会放出热量呢？这一直是科学家们百思不得其解的问题。到了20世纪80年代初期，瑞典植物学家发现，北极的大部分植物的花朵都有向着太阳转动的习性。因此，他们猜想，这也许与花朵温度的升高有关。

为了证实这种推测是否正确，他们做了一个有趣的实验：用细铁丝将仙女木的花萼固定，使它不能向阳转动，并在花上安放一个带有很细金属探针的温差电阻来测定温度。当太阳升起时，测出被固定的花朵比未被固定的花朵温度低0.7℃。这一实验结果，似乎揭开了植物花朵升温之谜。 但是，后来发现在南美洲中部的沼泽地里，生长着一种叫臭菘的植物，每年三四月份天气还相当寒冷时，它的花朵已经绽开。据测定，臭菘在长达两周花期里，它的花苞里始终保持在22℃的温度，比周围气温高20℃左右。花有臭味，却引诱着昆虫飞去群集，成为理想的御寒暖房。显然，用植物向阳转动的理论，是无法解释臭菘花苞的恒温和高出气温20℃这一奇妙现象。

有一种叫做"斑时阿若母"的百合科草本植物。这种植物在环境气温为4℃时，花的体温可达40℃左右。这种发热植物的花温为什么如

此之高？科学家发现，这种植物在开花之前，已在花的组织里贮存了大量的脂肪。开花时，脂肪进入组织细胞内，发生强烈的氧化作用从而释放出大量的热能，所以造成了花温较高的结果。

另一种发热的植物叫做"佛焰"，它的雌蕊和雄蕊都隐藏在苞的深处。为了能在花开之后请到媒人，它把花温急剧升高，散发臭味，如同发热的腐烂的动物尸体或发酵的粪堆发出的气味，于是一种对热敏感、喜欢吃腐烂物的蝇类就急急忙忙赶来，为它们做媒，完成了传授花粉的伟业。这是植物发热的第二功能。

此外，佛焰发热，可以使四周的风转变成围绕着佛焰花序旋转的涡流，而且这种涡流不受外界风向的影响，并能把四周各个方向吹来的风转向佛焰苞的开口处。这样，不仅能使热量均匀地分布在整个佛焰苞内，使整个花朵能融化厚雪的覆盖，而且，更

令人惊奇的是，佛焰花序周围的涡流能把顶端成熟的花粉吹到下部未经授粉的花朵内，从而达到没有蝇类为媒，利用热气流为媒也能成亲的目的。

植物发热的奥秘

植物学家通过研究和探索，终于揭开了其中的奥秘。原来，在臭菘的花朵中有许多产热细胞，产热细胞内含有一种酶，能够氧化光合产物，葡萄糖和淀粉释放出大量的热量。据测定，其氧化速度实在惊人，与鸟类的翼肌对能量的利用差不多。

不久前，科学家发现喜林芋属的一种芳香植物，它的产热本领更高，它能像热血动物那样，用脂肪作为燃料来产生热量，因此产热效率更高。

在开花期间，花中的温度可高达37℃。植物的产热现象，引起了植物学家们的极大兴趣。他们对此做了进一步的探索，不但在这类植物的花中发现了产热细胞，而且在其根部和韧皮部等部位也发现了产热细胞。

植物发热的意义

那么，植物发热对其本身有什么意义呢？

有的学者认为，植物花朵发热，可以促进花香四溢，引诱昆虫前来为它们传粉。尽管臭菘的花有臭味，但却可招引臭昆虫前来传粉。也有的学者认为，发热植物多生长在寒冷的地方，产热有利于植物体内的物质运输和生化反应，从而提高植物对严寒的抵抗能力。同时，发热植物的花朵里的温度比外界气温高出许多，自然就成了昆虫的理想御寒场所，昆虫前来寄宿，也就帮助传播了花粉。因此，植物的发热本领，是对寒冷环境的一种适应能力。

目前，关于植物发热问题，科学家还没有统一的看法，还有待于人们去进一步研究和探索，才能完全揭开这个谜。

科学家研究发现，一种叫"臭菘"的植物会发热，它的成熟期在冬末春初，自身温度比环境温度高出20℃～25℃，能够融化厚厚的雪层，于是，花可以钻出雪层，避免了被冻伤的危险。

在线小知识

植物驱蚊、治病之谜

能驱蚊的蚊净香草

随着天气转暖，能驱蚊的植物成了人们关注的焦点。蚊净香草就是这样一种植物。它是被改变了遗传结构的芳香类天竺葵科

植物。该植物耐旱，半年内就可生长成熟，养护得当可成活10年至15年，并且其枝叶的造型可随意改变，有很高的观赏价值。

蚊净香草散发出一种清新淡雅的柠檬香味，在室内有很好的驱蚊效果，对人体却没有毒副作用。温度越高，其散发的香越多，驱蚊效果越好。据测试，一盆冠幅0.3米以上的蚊净香草，可将面积为10平方米以上房间内的蚊虫赶走。另外，一种名为除虫菊的植物含有除虫菊酯，也能有效驱除蚊虫。另外，艾叶、夜来香、茉莉花都可以驱蚊，但是夜来香不宜放在室内，可以放在阳台。

新型驱蚊树，属芸香科的落叶乔木，是最近几年才发现推出

134

的驱蚊树新品种。它利用叶面特有的香茅醛物质，通过高温蒸发作用散发到空气中达到驱蚊的效果。

七里香

七里香是一种四季常绿的小灌木，外形呈伞房状，分枝多，紧密，叶小亮泽，花白繁密，花后还能结红色浆果，常常修剪的棵形美观大方，为居室增加美感。叶片有浓浓的辛、甜香味，驱蚊效果很好。

食虫草

食虫草是一种菊科草本植物，可长到一米来高，花小黄色，一棵达数百只花头，各花头的外围苞片有黏液，就像5个伸开的小手指般有趣。只要有小蚊虫落在上面便被粘住，之后，虫子尸体被其慢慢消化作为其生长营养。若有灰尘粘落上面，数天后

也被消化得无影无踪。盆栽摆放在家里，捉蚊又吸尘。

夜来香

蚊子害怕夜来香强烈的气味，自然可以收到驱蚊的效果。这类花卉大多优雅清丽，种植方便，价格也不贵，加之夏季开花时绿白相间，望之易生凉意。但专家提醒，夜来香一类花卉的香气初闻往往沁人心脾，但闻久了因其过于浓烈可能会有不适反应。

驱蚊草

有的释放系统作为载体，将香茅醛物质源源不断释放于空气中。同时，还植入含有清新气味和净化空气作用的植物基因结构，形成天然蒸发器，因而芳香四溢。

在炎热的夏天，这种草会令人神清气爽、心旷神怡。经测试，其驱蚊效果良好，对人畜无害，可驱避上百种蚊虫。驱蚊草属多年生草本植物，生存温度在零下3度以上，室内外均可栽培。一般温度越高，香味越浓，驱蚊效果越好。

治病树

在美国迈阿密小哈那区，有一户人家砍倒了一棵奇怪的树。没想到，树干上的液汁创造了奇迹，它使一个91岁高龄的老盲人双眼复明；还使一个患严重关节痛的妇女消除了疼痛。

消息传开之后，招来了许多病人，他们围在这户人家的花园外面，争着用小刀割下一小片树皮。为了防止造成交通事故，当地政府不得不派出警察维持秩序。

这棵树是加勒比热带树，俗称"海滩葡萄"。经专家鉴定：这种树的液汁里含有一种特殊的物质，它能有效地清除眼睛里产生的内障的黏质物，使盲人复明；这种树汁还可能有消除腹泻、痢疾的功能。但它并不是包治百疾的"灵丹妙药"。

皮肤树

墨西哥有一种叫"特别斯"的奇树。因为它对治疗皮肤烧伤

有特殊的疗效，所以人们又称其为"皮肤树"。当地人把这种树的皮剥下来晒干，再用火烧，到一定程度以后再把它研成粉末，把这种粉末敷在伤的地方，创伤很快就会治好。

在墨西哥大地震后，皮肤树显示了它治愈外伤的神奇功效，治好了许多伤员。经专家鉴定，这种树的树皮里含有两种抗生素和强大的促进皮肤再生的刺激素。

抗癌树

科学家们发现，有一种名叫三尖杉的树，具有抗癌的功效。三尖杉的树皮是灰色的，叶子是长条形的，跟一般的杉树相似。它的根、茎里含有20多种生物碱，尤其是三尖杉脂碱和高三尖脂碱，可用于治疗白血病；还有一种叫美母登的树木，内含有美登素、丁香酸等成分，具有抑制癌细胞的分裂繁殖作用。

退烧树

在非洲卢旺达的原始大森林中，有一种退烧树。它的枝条和叶子中含有一种液体，具有退烧作用，能治疗重感冒。卢旺达居民患重感冒发烧时，摘几片"退烧树"树叶，放在嘴里咀嚼，一般只需半个小时，就可以退烧。

由于历史文化、地理环境和社会发展水平不同等多种原因，各地区的中药资源开发利用程度和应用范围存在着很大的差异，所以导致这些功能奇特的树到当今才得以发现。

在线小知识

镇静树：生长于南美洲亚马孙河的原始森林，在夜里，它能散发出奇特的气味，人闻到则昏昏欲睡；白天它发出幽香清凉的气味，刺激人的大脑，能使睡觉的人迅速清醒，哭闹的小孩停止啼哭。

植物食虫之谜

猪笼草

食虫植物在地球上的分布，主要在热带和亚热带，其次才是温带。据统计，全世界有食虫植物500种左右，我国约有30多种。当你到海南岛五指山上采集植物或游览时，就会在深山老林，发现一种奇怪的植物，这就是猪笼草。

猪笼草的茎是半木质藤本，最长不过一两米，一般在一米以下，在它的叶端悬挂着一个一个的囊状物，这就是猪笼草捕食昆虫的工具。它这个捕虫囊是由叶子的一部分变成的。猪笼草的叶中脉延伸成卷须，卷须的顶端膨大为捕虫囊，圆筒形，口部呈漏斗形。囊口的后边还有一个能活动的囊盖。

猪笼草的捕虫囊通常具有各样美丽的色泽，有引诱昆虫的作用。吃虫的植物，不仅陆地上有，水里也有，狸藻便是一种。

猪笼草不仅好玩，而且还可以治病。当病人风热咳嗽，甚至肺燥咯血时，用猪笼草30克，水煎服即可治愈。最近还发现它能

治糖尿病、高血压等疾病。

狸藻

狸藻生长在静水里，因为它没有根，所以能随水漂流。这种植物长可达一米，它的叶子分裂成丝状。在植物体下部的丝状裂片基部，生长着捕虫囊。捕虫囊扁圆形，长约3毫米，宽约1毫米。在囊的上端侧面有一个小口，小口周围有一圈触毛。口部的内侧有一个方形的活瓣，能向内张开，活瓣的外侧有4根触毛。

狸藻的捕虫囊的内壁上有星状腺毛，腺毛能分泌消化液。一棵狸藻上长有上千个捕虫囊。每一个捕虫囊就是水中的一个小陷阱。在有狸藻分布的水里，到处都是小陷阱，因而形成一个陷阱网。假若水中的小虫，进入这个陷阱网，想跑掉是不可能的。当水蚤这类小动物，游进了陷阱网，它就会东碰西撞。要是它碰到捕虫囊口部活瓣上的触毛，活瓣马上向内张开，水便立即流入捕虫囊内，此时小动物也会随着水流进入囊内。当小动物进入囊后，由于水压的关系，活瓣又立即关闭起来。此时捕虫囊内壁上的星状腺毛，分泌出消化液，把虫体消化分解，通过捕虫囊壁细胞把养料吸收掉之后，剩下的水通过囊壁排出体外，捕虫囊又恢复原来的状态。狸藻就是这样靠自己吞食动物的本领，营养自身的。

捕虫囊的形状活像个瓶子。它是怎样捕食昆虫的呢？它不仅以美丽的颜色招引昆虫，而且它的囊口和囊盖上布有蜜腺，能分泌出蜜液引诱昆虫。当昆虫飞来吃蜜时，由于囊口非常光滑，很容易失脚跌入囊中。

囊的内壁也很光滑，况且囊里常存有半瓶子水，落水的昆虫在囊中死命地挣扎，不但逃不出来，反而刺激囊盖，盖了起来，最后便死于囊中。此时，捕虫囊能分泌一种蛋白酶，将昆虫分解，然后作为养料吸收。当捕食过程完成后，它的盖子又重新张开等待第二个"顾客"的到来。

毛毡苔

毛毡苔这种植物生长在沼泽地带，因为沼泽地带的小虫及蚊子特别多，它们就成为毛毡苔捕猎的对象了。

毛毡苔主要是用变为手掌状的叶子来捕虫。毛毡苔的叶上密生了许多触毛，触毛很像纤细的手指，它能握起来，又能伸开。在触毛顶端成一个小球，这个小球能分泌黏液，黏液有蜜一样的芳香，馋嘴的昆虫闻到这种芳香就会迅速飞来。当昆虫碰到毛毡苔的触毛时，触毛上的黏液就会把昆虫粘住。这时，触毛能很快地握起米，紧紧地抓住，不让昆虫跑掉。触毛上又能分泌一种蛋

白酶，可以消化分解昆虫，毛毡苔的叶细胞就把消化后的养料吸收到植物体内。随后，触毛又伸开来等待着新的"客人"陷入它的魔掌之中。

最有趣的是毛毡苔能够辨别落在它叶子上面的是不是食物。有人曾做过试验，如果把一粒砂子放在它的叶子上，起初它的触毛也有些卷曲，但是，它很快就会发现落在叶子上的不是美味的食物，于是又把触毛舒展开了。

毛毡苔属于茅膏菜科，茅膏菜属。在茅膏菜属中，约有90种分布在热带和温带。我国有6种，分布在西南至东北的广大地区。毛毡苔生长在沼泽、湿草甸地上，或生长在山谷溪边林下潮湿的土壤上。

毛毡苔又可入药，在欧美各国常用作治支气管炎的祛痰药，我国则多制成糖浆治疗百日咳。

在线小知识

澳大利亚西部有一种土瓶草，它有一个鞋状捕虫笼。捕虫笼的笼口会分泌蜜液。唇的内缘有唇齿，以防止猎物爬出。昆虫常常被它们唇上分泌的蜜液和类似花朵般的形状和颜色所吸引。

花开花落时间之谜

白天开花的植物

花开花落是植物生长的一种自然规律，那为什么有的花喜欢白天开放，而且是五彩缤纷，有的花则愿意在傍晚盛开，花则多为白色，又有的花是昼开夜合呢？

在常见的植物中，大都是在白天开花。这是因为在阳光下，清晨，花的表皮细胞内的膨胀压大，上表皮细胞生长得快，于是花瓣便向外弯曲，花朵盛开。花儿白天开，在阳光下花瓣内的芳香油易于挥发，加之五彩缤纷的花色能够吸引许多昆虫前来采蜜。昆虫采蜜时便充当了花的红娘为其传授花粉，这样有利于花卉结籽，繁殖后代。

晚上开花的植物

那么，为什么有的花则偏偏喜欢在晚上开放，而花朵又多是白色的呢？植物之所以要开花，是为了吸引昆虫来传粉。

植物在夜里开的花，最初也是多种多样颜色的，但由于白花在夜里的反光率最高，最容易被昆虫发现，为其做媒传授花粉。因此，在长期的发展演化过程中，夜里开白花的植物被保存了下来，而夜里开红花、蓝花的植物，因不易被昆虫发现并为其传授花粉，而失去了繁衍后代的机会，逐渐被淘汰了。

夜晚开花的晚香玉

月朗星稀、微风轻拂的夏夜，晚香玉悄然绽开洁白似玉的花

蕾，飘散出阵阵沁人心脾的幽香。这盛夏的娇儿，不知让多少喜爱花草的人们心醉神迷。

晚香玉，又叫夜来香、月下香。它名副其实，夏季里每当晚19时前后，花苞相继开放。如果你有留意，用肉眼就可以观察到花苞是怎样绽开的。一朵花苞开放只需4秒至5秒的时间。晚香玉的花苞一开放，便飘散出股股清香，它的香清而不浊，和而不猛，使人心旷神怡。

晚香玉十分受养花人的钟爱，它不需要特别细心的培植、管理。只要把一个晚香玉小块茎埋入土里，凭借着天然雨水滋润，它就会抽芽、长大、开花、结果。晚香玉的棵茎，是从叶中抽出的柔嫩的枝条，然而，它能在这一枝条上开花多达30多朵，自下而上盛开出来的喇叭形花朵，花期达一月有余。

晚香玉不仅可美化庭院，且其花可插瓶，用做室内观赏的佳品。另外，其叶、花、果均可入药，有利于人体健康。

晚香玉夜里开花之谜

那么，晚香玉为什么总是在夜里传送浓郁的花香呢？原来晚香玉花瓣上的气孔，是与外界交换气体的通道。在空气湿度大时，这个通道张开，空气干燥时合拢。因白天的气温高，那花瓣便含羞似地合拢着。傍晚的时候温度降低，气候凉爽，蒸腾减少，空气的湿度增大，于是花瓣上的气孔便全部张开。随着花呼吸作用的进行，把它内在的挥发性芳香物质飘散到空气中去，也就把缕缕清香带给人们了。

花开花落的起由

植物中还有的花是白天盛开，而夜里又闭合起来。如睡莲、

郁金香，它们的花白天竞相开放，而当夜幕降临时，便闭合起来，到来日则又继续开放。这又是为什么呢？花的昼开夜合现象是植物的睡眠运动引起的。

这种运动的产生，一种是因温度变化引起的。如晚上温度低时它便闭合起来。如果把已经闭合的花移到温暖的地方，3分钟至5分钟后便会重新开放；另一种是由于光线强弱的变化引起的。如花在强光下开放，弱光下闭合。

花儿颜色面面观

花开时节，花香阵阵，芳香郁郁。那一枝枝，这一丛丛，如云似霞。红的似火，黄的如金，白的像雪，千姿百态，万紫千红，满园春色。

为什么花儿能盛开得这样璀璨夺目、绚丽多彩呢？原来，花瓣的细胞液中含有叶绿素、胡萝卜素等有机色素，它们像魔术大师把花变得五颜六色。遇到酸性时，细胞就成红色；遇到碱性时，细胞变为蓝色；遇到中性时，细胞又变为紫色。

你可以摘一朵牵牛花做试验：把红色的牵牛花泡在肥皂水里，因为遇到碱性，它便由红色摇身一变变为蓝色；再把这朵花放在醋里，由于遇到酸性，它又恢复原色。

花青素的变魔术本领更为惊人，它不仅能使许多鲜花色彩斑斓，而且还能使花色变化多端。如棉花的花朵初绽时为黄白色，后变红色，最后呈紫红色，完全是受花青素影响的结果。当不同比例、不同浓度的花青素、胡萝卜素、叶黄素等色素相互配合后，就会使花呈现出千差万别的色调。

　　大部分黄花本身不含花青素，而完全是胡萝卜素在起作用；有些黄花当含有极淡的花青素时，就变成橙色。由此可见，万紫千红的花完全是由于花青素和其他各种色素相互配合的结果。

　　一般来说，有机色素以叶绿素为主体时，花可显青色和绿色，如绿月季等；以花青素为主体时，可呈红色、蓝色和紫色，如玫瑰等；以胡萝卜素、类胡萝卜素为主体时，则呈黄色、橙色和茶色，如菊花等。

　　世界上开花植物多达4000余种，其花异彩纷呈，常见的有白、黄、红、蓝、紫、绿、橙、褐、黑等9种颜色。大多数花在红、紫、蓝之间变化着，这是花青素所起的作用；其次是在黄、橙、橙红之间变化着，这是胡萝卜素施展的本领。据统计，世界上各种植物的花色中，最多的是白色，约占28%，白色的花瓣不含任何色素，只是由于

花瓣内充斥着无数的小气泡才使它看起来像白色；其次是黄色；红色列为第三；再其次是蓝色、紫色；较少的是绿色，如菊花中的绿菊，其花瓣就是令人赏心悦目的绿色；最为罕见的是黑色，如墨菊，为菊中之珍品，黑郁金香也被列为花之名贵品种。

花儿有香味之谜

众多植物中，除少数外，多数植物的花是都芳香的。那花儿为什么是香的呢？原来，在花卉的叶子里含有叶绿素。叶绿素在阳光照射下，进行光合作用的时候，产生了一种芳香油，它贮藏在花朵里边。这种芳香油极易挥发，当花开的时候，芳香油就随着水分挥发而散发出香味来，这就是人们闻到的花香。

由于各种花卉所含的芳香油不同，所散发出来的香味就不一样：有的浓郁，有的淡雅。一般来说花香的浓淡和开花的地点有着密切的关系。生长在热带的花卉，香气大都浓而烈；而生长在寒带的花卉，香气多是淡而雅。另外，通常花的颜色越浅，香味越浓烈；颜色越深，香味越清淡。白色和淡黄色花的香味最浓。其次是紫色和黄色的花，浅蓝色花的香味最淡。

在线小知识

一般来说，天气晴朗、阳光强烈、温度升高的时候，花瓣中芳香油挥发得比较快，飘得也比较远，所以香味会比较浓一些。而在阴雨天或阳光弱、温度低的情况下，花香就较淡。

为何植物能御寒过冬

植物耐寒之谜

当严寒到来，许多动物都加厚了它们的"皮袍子"，深居简出，或者干脆钻到温暖的地下深处去睡觉。不少植物却依旧精神抖擞地屹然不动，若无其事地伸出它们那绿油油的叶子，好像并没有感觉到严寒的来临。

难道植物对寒冷完全无动于衷吗？不！过度的寒冷一样可以将植物冻死。比如，当植物细胞中的水分一旦结成冰晶后，植物的许多生理活动就会无法进行。更要命的是，冰晶会将细胞壁胀破，使植物招致杀身之祸。

经过霜冻的青菜、萝卜吃起来不是又甜又软吗？甜是因为它们将一部分淀粉转化成了糖，而甜就是细胞组织被破坏的缘故。

不过，要使植物体内的水分结冻，并不太容易。比如娇嫩的白菜，要在摄氏零下15度才会结冰，萝卜等可以经受摄氏零下20度而不结冰，许多常绿树木，甚至在摄氏零下四五十度还依然不会结冰，这其中有什么秘密呢？

　　如果说粗大的树木可以用寒气不易侵入来解释，那么细小的树枝和树叶、娇嫩的蔬菜何以也不易结冰呢？白菜、萝卜、番薯等遇上寒冷时，会将贮存的部分淀粉转化为糖分，植物体内的水中溶有糖后，水就不易结冰，这也确是事实。但如果我们仔细一算，就知道这并不是植物耐寒的主要理由。要知道，1000克水中溶解180克葡萄糖后，水的结冰温度才会下降1.86度，即使这些糖溶液浓到像糖浆一样，也只能使结冰温度下降7度至8度。由此可见，这其中一定另有缘故。

　　原来植物体内的水分有两种，一种为普通水，还有一种叫结合水。所谓结合水，按它的化学组成而言和普通水并无两样，只是普通水的分子排列比较凌乱，可以到处流动，而结合水的分子以十分整齐的队形排列在植物组织周围，和植物组织亲密地结合在一起，不肯轻易分开，因此被叫做结合水。冬天，植物体内的普通水减少了，结合水所占的比例就相对增加。由于结合水要在比摄氏零度低得多的温度才结冰，植物当然也就耐寒了。

植物的抗冻能力

　　各式各样的植物抗冻力不同，就是同一棵植物，冬天和夏天

的抗冻力也不一样。北方的梨树，在摄氏零下20度至零下30度的温度下能平安越冬，可是在春天却抵挡不住微寒的袭击。松树的针叶，冬天能耐摄氏零下30度的严寒，在夏天如果人为地降温到摄氏零下8度就会被冻死。

究竟是什么原因使冬天的树木特别变得抗冻呢？最早国外一些学者说，这可能与温血动物一样，树木本身也会产生热量，它由导热系数低的树皮组织加以保护的缘故。另一些科学家说，主要是冬天树木组织含水量少，所以在冰点以下也不易引起细胞结冰而死亡。但是，这些解释都难以令人满意。因为现在人们已清楚地知道，树木本身是不会产生热量的，而在冰点以下的树木组织也并非不能冻结。在北方柳树的枝条、松树的针叶，冬天不是冻得像玻璃那样发脆吗？然而，它们都依然活着。

能抗冻的秘密

树木抗冻的本领很早就已经锻炼出来了。它们为了适应周围环境的变化，每年都用沉睡的妙法来对付冬季的严寒。

我们知道，树木生长要消耗养分，春夏树木生长快，养分消耗多于积累，因此抗冻力也弱。但是，到了秋天情形就不同了，

这时候白昼温度高，日照强，叶子的光合作用旺盛；而夜间气温低，树木生长缓慢，养分消耗少积累多，于是树木越长越胖，嫩枝变成了木质……树木逐渐就有了抵御寒冷的能力。

别看冬天的树木表面上呈现静止的状态，其实它的内部变化却很大。秋天积贮下来的淀粉，这时候转变为糖，有的甚至转变为脂肪，这些都是防寒物质能保护细胞不易被冻死。平时一个个彼此相连的细胞，这时细胞的连接丝都断了，而且细胞壁和原生质也离开了，好像各管各一样。

这个肉眼看不见的微小变化，对植物的抗冻力方面竟然起着巨大的作用。当组织结冰时，它就能避免细胞中最重要的部分，原生质不受细胞间结冰而招致损伤的危险。

在线小知识

树木的沉睡和越冬是密切相关的。冬天，树木睡得越深，就越忍得住低温，反之，像终年生长而不休眠的柠檬树，抗冻力就弱，即使像上海那样的气候，它也不能露天过冬。

图书在版编目（ＣＩＰ）数据

植物奥妙的科学答案：植物天地缩影 / 韩德复编著
. -- 北京：现代出版社，2014.5
ISBN 978-7-5143-2639-0

Ⅰ．①植… Ⅱ．①韩… Ⅲ．①植物—普及读物 Ⅳ.
①Q94-49

中国版本图书馆CIP数据核字(2014)第072526号

植物奥妙的科学答案：植物天地缩影

作　　者：韩德复
责任编辑：王敬一
出版发行：现代出版社
通讯地址：北京市定安门外安华里504号
邮政编码：100011
电　　话：010-64267325 64245264（传真）
网　　址：www.1980xd.com
电子邮箱：xiandai@cnpitc.com.cn
印　　刷：汇昌印刷（天津）有限公司
开　　本：700mm×1000mm　1/16
印　　张：10
版　　次：2014年7月第1版　2021年3月第3次印刷
书　　号：ISBN 978-7-5143-2639-0
定　　价：29.80元